普通高等学校"十四五"规划计算机类专业特色教材

计算机网络实验指导

主　编　李毕祥

副主编　秦宗锋　于　斌

李　欣　谭新兴

华中科技大学出版社

中国·武汉

内 容 介 绍

本书主要介绍了基于新华三平台的计算机网络的基础实验和扩展实验,内容包括双绞线线缆的制作、TCP/IP 协议常用网络工具的使用、在 Windows Server 2012 上配置服务器、新华三平台网络基本配置、VLAN 配置、RIP 配置、OSPF 配置等。本书以实践为主、以任务为驱动,通过网络需求分析与实现的网络命令,逐步提高读者的网络配置能力。

本书可作为高等院校本科、专科计算机相关专业的计算机网络实训教材,也可作为计算机网络应用人员的培训教材,还适合计算机网络初学者阅读参考。

图书在版编目(CIP)数据

计算机网络实验指导 / 李毕祥主编. -- 武汉:华中科技大学出版社,2023.8
ISBN 978-7-5680-9896-0

Ⅰ.①计… Ⅱ.①李… Ⅲ.①计算机网络－实验－高等学校－教学参考资料 Ⅳ.①TP393-33

中国国家版本馆 CIP 数据核字(2023)第 145306 号

计算机网络实验指导
Jisuanji Wangluo Shiyan Zhidao

李毕祥　主编

策划编辑:范　莹
责任编辑:陈元玉
封面设计:原色设计
责任监印:周治超

出版发行:华中科技大学出版社(中国·武汉)　　电话:(027)81321913
　　　　　武汉市东湖新技术开发区华工科技园　　邮编:430223
录　排:代孝国
印　刷:武汉市洪林印务有限公司
开　本:787mm × 1092mm　1/16
印　张:8
字　数:134千字
版　次:2023 年 8 月第 1 版第 1 次印刷
定　价:36.00 元

前　言

党的二十大报告强调，要加快建设制造强国、质量强国、航天强国、交通强国、网络强国、数字中国。党的二十大报告对加快建设网络强国、数字中国做出了重要部署。从总体上看，要站在统筹中华民族伟大复兴战略全局和世界百年未有之大变局的高度，统筹国内国际两个大局、发展安全两件大事，以网络强国建设助力中国式现代化。中国要坚定履行建设网络强国和数字中国、维护网络安全的职责使命，在高等教育教学体系中，计算机网络是计算机技术与通信技术密切结合的综合性学科，也是计算机应用中的一个重要领域，网络技术已广泛应用于各行各业，因此，网络技术是计算机相关专业学生必须掌握的知识。计算机网络课程是计算机专业的重要专业课程之一。随着计算机网络技术的迅速发展和在当今信息社会中的广泛应用，给计算机网络课程的教学提出了新的更高的要求。

作为计算机及相关专业的核心课，要求学生在掌握计算机网络基本理论知识的基础上，再对计算机网络体系结构、通信技术以及网络应用技术有一个整体的了解，特别是 Internet、典型局域网、网络环境下的信息处理方式，同时要求学生具备基本的网络规划能力、设计能力和常用组网技术能力。本课程的实践性、综合性强，教学难度大，要求教师在教学工作中尽可能地结合实际网络工程项目进行，务必让学生掌握新华三平台在计算网络中的实际应用。结合教学时间，要求对学生进行初步的网络安装、设计训练，培养学生的具体操作能力。

本教材是计算机网络课程上机实训的主要指导依据，共包含 18 个实验。

实验一主要介绍了双绞线线缆的制作，包括双绞线在局域网和广域网组网中的作用、制作工具和原料、双绞线的种类、线序规则、制作步骤、常见故障原因和总结等。

实验二主要介绍了常用网络命令的使用，包括 ping 命令、ipconfig 命令、netstat 命令等，使用这些命令可以测试网络的连通性、查看网络的详细参数、对局域网和广域网进行管理等。

实验三到实验五主要介绍了在 Windows Server 2012 上安装与配置服务器，包括 DHCP 服务器、DNS 服务器和 Web 服务器的配置等，让读者掌握以上服务器的配置和应用。

实验六主要介绍了新华三平台的基本配置命令，让读者掌握新华三平台的基本配置命令、了解安装和使用模拟配置软件 H3C Cloud Lab。

实验七主要介绍了新华三平台网络设备的基本连接与调试，包括路由器通过串口相连的基本方法、ping 系统连通性监测命令的使用方法和静态路由的基本配置。

实验八主要介绍了新华三平台网络设备的链路聚合配置，包括新华三平台以太网交换机链路聚合的基本工作原理和以太网交换机静态链路聚合的基本配置方法，其他品牌的交换机链路聚合原理相同，配置命令有差别，读者可在掌握原理后配置各种不同品牌的交换机的链路聚合。

实验九主要介绍了新华三平台下 DHCP 的配置，包括 DHCP 协议工作的原理、设备作为 DHCP 服务器的常用配置和设备作为 DHCP 中继的常用配置等。

实验十主要介绍了基于端口的 VLAN 典型配置，包括 VLAN 的基本原理，VLAN 在企业组网中的应用，交换机上 VLAN 和 VTP 的配置，交换机间 TRUNK 的配置，验证 VLAN、VTP、TRUNK 的工作原理等。

实验十一主要介绍了 IP 路由基础，包括路由转发的基本原理、查看路由表的基本命令等。

实验十二主要介绍了静态路由配置，包括路由器的基本工作原理和基本配置方法，练习静态路由，配置默认路由，验证静态路由、默认路由等。

实验十三主要介绍了路由器的基本工作原理和 RIP 协议，包括动态路由协议的基本配置方法、命令和验证连通性等。

实验十四主要介绍了动态路由配置，包括路由器的基本工作原理和基本配置方法、练习动态路由配置、验证动态路由、使用水平分割、利用路由毒化等机制来避免路由环路等。

实验十五主要介绍了配置 OSPF 基本功能，包括 OSPF 的基本原理、练习 OSPF 配置、验证 OSPF 等。

实验十六主要介绍了 ACL 综合配置，包括路由器的 ACL 基本工作原理和基本配置方法、练习 ACL 配置、验证 ACL 配置等。

实验十七主要介绍了 OSPF 综合配置，包括单区域的 OSPF 协议配置、多区域的 OSPF

协议配置、OSPF 协议 Router ID 的选取原理等。

实验十八主要介绍了 OSPF 路由聚合配置，包括 OSPF 协议 ABR 上路由聚合的配置方法、OSPF 协议 ASBR 上路由聚合的配置方法等。

本书配套有教学视频、教学课件、网络拓扑图和配置命令，以及课后扩展等教学资料，知识点对应的示例都采用较新的网络技术实现，尽量与企业岗位需求接轨，有需要的读者可咨询出版社。

本书在编写过程中与众多新华三平台的网络工程师进行了交流，得到了很多启发，在此表示衷心的感谢。

尽管本书在编写过程中查阅了很多资料，核对了所有的配置命令，由于编者水平有限，加上技术的发展更新速度很快，书中难免存在不足，欢迎读者给予宝贵意见，在此将不胜感激。

编　者
2023 年 6 月

目　　录

计算机网络实验大纲

1. 实验课程信息

课程编号：061331。

课程名称：计算机网络。

实验总学时数：28（必做实验 10 学时，选做实验 18 学时）。

适用专业：计算机科学与技术、信息与计算科学、信息管理与信息系统、电子商务等。

2. 实验教学的目的和要求

党的二十大总结了经过多年的努力奋斗，我国网络建设取得了举世瞩目的成就，网络基础设施建设突飞猛进，达到世界一流水平。计算机网络是计算机和电子信息类专业的一门专业核心课程，先修课为计算机组成原理、数据结构、操作系统等课程。计算机网络技术是从事计算机应用、信息技术研究与应用及电子商务应用的人员应该重点掌握的知识。通过课程实验，学生应学会及掌握计算机网络的基本概念和理论；学生还应学习和掌握通信媒体、网络工具的使用，典型网络设备的工作原理和配置方法，服务器的配置和测试方法，为进一步进行网络系统的分析、设计、组建、管理和应用打下良好的基础。

3. 实验项目名称和学时分配

计算机网络实验共 28 学时，实验分为必做实验和选做实验两大类。其中必做实验 7 个，共 10 学时；选做实验分为 A 级和 B 级两个等级，学生可根据自身能力和兴趣爱好自主选做实验 A 级或实验 B 级，共 18 学时。

序号	实验项目名称	实验学时	选修等级	实验类型	要求
1	双绞线线缆的制作	1		综合	必做
2	TCP/IP 协议常用网络命令的使用	1		验证	必做
3	在 Windows Server 2012 上安装与配置 DHCP 服务器	1	A	综合	选做
4	在 Windows Server 2012 上安装和配置 DNS 服务器	1	A	综合	选做
5	在 Windows Server 2012 上实现 Web 服务器的配置与管理	1	A	综合	选做
6	新华三平台基本配置命令	1		设计	必做
7	网络设备基本连接与调试	2	A	综合	选做
8	配置链路聚合	2	A	综合	选做
9	新华三平台下 DHCP 的配置	1	A	综合	选做
10	基于端口的 VLAN 典型配置	1		设计	必做
11	IP 路由基础	2	A	综合	选做
12	静态路由配置	2		设计	必做
13	配置 RIPv1	2		设计	必做
14	动态路由配置	2		设计	必做
15	配置 OSPF 基本功能	2	B	设计	选做
16	ACL 综合配置	2	B	综合	选做
17	OSPF 综合配置	2	B	综合	选做
18	OSPF 路由聚合配置	2	B	综合	选做

4. 实验设备和仪器

（1）实验设备和仪器名称：RJ-45 接头、双绞线、RJ-45 压线钳、打线钳、测试仪、计算机、交换机、路由器等。

（2）计算机（内存为 8 GB），学生每个人一台计算机。

（3）实验环境配置：计算机安装 Windows 10 或 Windows Server 2012 系统，局域网，新华三实验环境和平台。

5. 实验教学与考核方式

（1）分发或下载实验指导书，教师指导学生完成指定的实验；教师讲解实验任务及要求，演示实验步骤；学生下载和安装实验软件与工具。

（2）本课程实验要求学生提交实验报告，提交方式包括：学生向指导教师报告后，展示实验结果，或者演示网络工具及命令行的运行情况。同时要求学生记录并提交纸质实验报告。

（3）指导教师根据题目的难易程度，再结合学生在实验中的表现和实验完成情况，评定学生本次实验为优/良/中/及格/不及格，记入记分册。

（4）本课程实验成绩占课程总成绩的 30%。

实验一　双绞线线缆的制作

一、实验学时与目的

（1）实验学时：1。

（2）了解计算机局域网组建的基础知识。

（3）了解双绞线的特性与应用场合，学习动手制作双绞线线缆。

（4）领会二十大精神，培养学生的团队合作意识。

二、实验设备和仪器

RJ-45 接头若干、双绞线若干米、RJ-45 压线钳一把、测试仪一套、打线钳一把、计算机等。卡线钳和测试仪如图 1.1 所示。

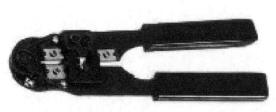

卡线钳　　　　　　　　　　　　　　　　测试仪

图 1.1　卡线钳和测试仪

三、实验内容及要求

1. 实验内容

（1）一般双绞线的制作。

（2）交叉双绞线的制作。

（3）测试双绞线的导通性。

2. 实验要求

（1）仔细阅读实验文档，确定实验环境中需要制作的网线类型和使用的线序。

（2）学生独立完成上述双绞线的制作。

四、实验原理及步骤

1. 实验原理

1）局域网组建基础知识

局域网是用传输媒体（如双绞线）将通信设备与安装了网络适配器（也称网卡）的计算机互联在一起，并受网络操作系统监控的网络系统。一组台式计算机和其他设备（如集线器）在物理地址上彼此相隔不远，允许用户相互通信和共享如打印机或存储设备之类的资源。

目前广泛使用双绞线作为组建局域网的传输媒体。双绞线需要若干 RJ-45 接头，只要把 RJ-45 接头（水晶头）按一定标准连接到双绞线的两端，然后把 RJ-45 接头插入网卡和集线器的 RJ-45 接口就可以实现连接。因此，组建局域网施工的一个关键环节就是制作网线的接头。

我们把这些硬件连接起来，再安装支持网络的系统软件和应用软件，那么一个能够满足工作或生活需求的局域网就形成了。

2）非屏蔽双绞线类型

非屏蔽双绞线有 6 种类型，如表 1.1 所示。

表 1.1　非屏蔽双绞线的 6 种类型

类别	应用
Cat1	可转送语音，不用于传输数据，常见于早期电话线路、电信系统
Cat2	可传输语音和数据，常见于 ISDN 和 T1 线路
Cat3	带宽 16 MHz，用于 10BASE-T，制作质量严格的 3 类线也可用于 100BASE-T 计算机网络
Cat4	带宽 20 MHz，用于 10BASE-T 或 100BASE-T
Cat5	带宽 100 MHz，用于 10BASE-T 或 100BASE-T，制作质量严格的 5 类线也可用于 1000BASE-T
Cat6	带宽高达 200 MHz，可稳定运行于 1000BASE-T

本课程实验使用的双绞线是 5 类线。由 8 根线组成，颜色分别为："橙白，橙"，"绿白，绿"，"蓝白，蓝"，"棕白，棕"，如图 1.2 所示。

图 1.2　双绞线的颜色

3）RJ-45 连接器和双绞线线序

双绞线的 568B 和 568A 线序规则如图 1.3 所示。

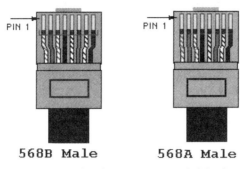

图 1.3 双绞线的 568B 和 568A 线序规则

RJ45 水晶头由金属片和塑料构成，需要特别注意的是引脚序号。当金属片面对我们的时候，从左至右的引脚序号是 1~8，这种序号做网络联线时非常重要，不能搞错。

美国电子工业协会（EIA）颁布的 EIA-568 标准，即商业大楼的通信布线标准，工程中应用比较多的是 T568B 打线方法。EIA-568 标准线序规则如表 1.2 所示。

表 1.2 EIA-568 标准线序规则

引针号	1	2	3	4	5	6	7	8
T568A 标准	白/绿	绿	白/橙	蓝	白/蓝	橙	白/棕	棕
T568B 标准	白/橙	橙	白/绿	蓝	白/蓝	绿	白/棕	棕

直通线（PC 与交换机或路由器连接）：

A 端：T568B 标准。

B 端：T568B 标准。

交叉线（PC 直连、交换机普通端口级联）：

A 端：T568B 标准。

B 端：T568A 标准。

2. 步骤

按以下步骤制作网线（两人合作制作一根网线）。

（1）抽出一小段线，将外皮剥除一段。

（2）将双绞线反向缠绕开。

（3）根据标准排线（注意这里非常重要）。

（4）铰齐线头（注意线头长度）。

（5）插入插头。

（6）用压线钳夹紧。

（7）用同样方法制作另一端。

五、实验结果分析及实验报告要求

1. 实验结果分析

（1）使用测试仪测试连接逻辑是否正确，断路可能导致无法通信，短路可能损坏网卡或集线器。

（2）使用制作的网线连接两台计算机（直接连接），测试网络是否连通（ping）。

2. 实验报告要求

要求学生提交实验报告，并按要求填写实验报告中的所有信息。

3. 实验报告评分标准

评分可分为优/良/中/及格/不及格。

实验二　TCP/IP 协议常用网络命令的使用

一、实验学时与目的

（1）实验学时：1。

（2）手工配置 TCP/IP 参数。

（3）了解系统网络命令及其所代表的含义，以及能对网络进行的操作。

（4）通过网络命令了解运行系统的网络状态，并利用网络命令对网络进行简单的操作。

（5）领会二十大精神，培养学生的协同学习和责任意识。

二、实验设备和仪器

计算机中安装 Windows Server 2012、Windows 10、局域网。

三、实验内容及要求

1. 实验内容

（1）测试本机与其他机器的物理连通性。

（2）测试本机的 DNS 地址、IP 地址等。

（3）测试本机当前开放的所有端口，测试网络中其他机器的计算机名、所在组或域名、当前用户名。

（4）使用 ARP 工具查看计算机上的 ARP 缓存表，手工修改 ARP 缓存表中的入口，测试由不正确参数引起的通信问题。

（5）在代理服务器端捆绑 IP 地址和 MAC 地址，预防局域网内 IP 地址盗用问题。

（6）在网上邻居中隐藏你的计算机。

（7）几个 NET 命令的使用。

2. 实验要求

（1）仔细阅读实验文档，每个人一台计算机。

（2）每个学生独立完成上述实验。

四、实验原理及步骤

1. 实验原理

ping 命令是为了检查网络的连接状况而使用的网络工具之一，也使用该命令来检测数据包到达目的主机的可能性。使用 ping 工具的顺序如下。

（1）ipconfig 验证初始化。

（2）ping 127.0.0.1 返回地址。

（3）ping 本地主机的 IP 地址。

（4）ping 默认网关的 IP 地址。

（5）ping 远程主机的 IP 地址。

在 Windows 2012 以上系统中，使用 ipconfig/all 命令显示 DNS 服务器地址、IP 地址、子网掩码、默认网关的 IP 地址。netstat 是显示网络连接和有关协议的统计信息的工具。netstat 主要用于网络接口的状况、程序表的状况、协议类的统计信息的显示三个方面。TRACERoute

工具可找出至目的 IP 地址经过的路由器。ARP 协议用于解析本地 IP 地址，利用 ARP 命令可以查看和修改计算机上的 ARP 缓存表。

2. 步骤

（1）启动网络中的所有计算机，并在本机 MS-DOS 提示符下输入"ping 网络中某台机器名或 IP 地址"。

（2）在本机 MS-DOS 提示符下输入"ipconfig/all"（Windows 2000 以上），并记录命令的运行结果。

（3）在本机 MS-DOS 提示符下输入"netstat -a 某台计算机的 IP 地址"命令，显示对方机器的计算机名、所在组或域名、当前用户名，并记录结果。

（4）在本机 MS-DOS 提示符下输入"netstat –a"命令，显示出本机所有开放的端口号，并记录结果。

（5）在本机 MS-DOS 提示符下输入"arp –g"命令查看 ARP 缓存表，并记录入口变化；ping 本地网络中的主机 IP 地址，并记录入口变化；ping 远程网络中的主机 IP 地址，并记录入口变化。

查看 ARP 缓存表，记录默认网关的入口；使用"arp –s"命令将上述入口加入缓存；验证入口是否被加入 ARP 缓存表，并验证是否正确，ping 远程网络中的主机 IP 地址。

使用"arp –s"命令将一个非法的硬件地址加入缓存（如改变默认网关的硬件地址），记录通信情况的变化；删除非法的硬件地址，记录通信情况的变化；测试网络属性配置不正确的默认网关，ping 其 IP 地址，记录其结果；ping 远程网络中的主机 IP 地址，记录其结果；重新配置正确的默认网关，ping 其 IP 地址，记录其结果；ping 远程网络中的主机 IP 地址，记录其结果。

（6）在代理服务器端的 MS-DOS 提示符下输入"arp -s IP 地址 机器网卡的 MAC 地址"以实施 IP 地址与 MAC 地址的捆绑。

在代理服务器端的 MS-DOS 提示符下输入"arp -d IP 地址"以解除捆绑。

（7）在局域网中共享文件夹的时候，可能会遇到这些情况：一方面不想让别人通过局域网内的计算机查看到你共享的文件夹；另一方面又不得不共享这些文件夹，以便同事或自己在别的计算机上调用其中的文件。两全其美的办法就是在局域网中隐藏这个共享文件夹，然后在其他机器上直接访问它。

用鼠标右键点击想要共享的文件夹，在右键菜单中选择"属性"，在"属性"窗口中点击"共享"项目卡，选中"共享为"，在下方的共享名中填入共享文件夹的名称，然后在名称后面加符号"\$"，例如，"隐藏共享\$"。查看网上邻居，刚才共享的文件夹并没有在其中出现，说明共享的文件夹确实已经在局域网中隐藏起来了。接下来对"隐藏共享\$"进行访问，先要知道自己的电脑在局域网中的名称，假设是"ss"，在局域网中的其他电脑上打开"网上邻居"，在地址栏中输入"\\ss\隐藏共享\$"，确定后，隐藏在局域网中的这个共享文件夹的内容就出现在眼前了。

（8）在本机 MS-DOS 提示符下输入"net view 某机的 IP 地址"以显示该机上的共享资源。

在本机 MS-DOS 提示符下输入"net use K:\\某机的 IP 地址\music"，将这个 IP 地址机器上的 music 共享目录映射为本地的 K 盘；在本机 MS-DOS 提示符下输入"net share"显示本机共享资源；在本机 MS-DOS 提示符下输入"net share c\$ /d"以删除共享；增加一个共享 c:\net share music=e:\music/users:1，music 共享成功，同时限制链接用户数为 1 个人。

五、实验结果分析及实验报告要求

1. 实验结果分析

记录命令的运行结果，分析理解命令显示内容的含义。

2. 实验报告要求

要求学生提交实验报告，并按要求填写实验报告中的所有信息。

3. 实验报告评分标准

评分分为优/良/中/及格/不及格。

实验三 在 Windows Server 2012 上安装与配置 DHCP 服务器

一、实验学时与目的

（1）实验学时：1。

（2）掌握如何安装 DHCP 服务器，以及如何对 DHCP 服务器进行设置。

（3）学习二十大精神，深刻领悟"两个确立"的决定性意义，增强"四个意识"，坚定"四个自信"，做到"两个维护"。

二、实验设备和仪器

计算机中安装 Windows Server 2012、局域网。

三、实验内容及要求

1. 实验内容

安装与设置 DHCP 服务器。

2. 实验要求

（1）仔细阅读实验文档，每个人一台计算机。

（2）学生独立完成上述实验。

四、实验原理及步骤

1. 实验原理

DHCP 服务器对 TCP/IP 子网和 IP 地址进行集中管理，即子网中的所有 IP 地址及其相关配置参数都存储在 DHCP 服务器的数据库中。DHCP 服务器对 TCP/IP 子网的地址进行动态分配和配置。

2. 步骤

安装前请注意，DHCP 服务器必须采用固定的 IP 地址和规划 DHCP 服务器的可用 IP 地址。本课程实验可以自己定义一个虚拟的静态 IP 地址。

安装 DHCP 服务器，如图 3.1 所示。

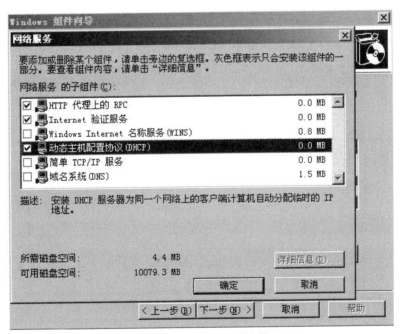

图 3.1　安装 DHCP 服务器

默认 Windows Server 2012 系统中没有安装 DHCP 服务器，可以按以下步骤开始安装 DHCP 服务器。

- 在"控制面板"中双击"添加/删除程序"图标，在打开的窗口左侧单击"添加/删除 Windows 组件"按钮，打开"Windows 组件向导"对话框。

- 在"组件"列表中找到并选择"网络服务"，然后单击"详细信息"按钮，打开"网络服务"对话框。

- 在"网络服务的子组件"列表中选择"动态主机配置协议（DHCP）"，依次单击"确定"→"下一步"按钮。

- 输入 Windows Server 2012 的安装源文件的路径，在光驱中插入安装光盘，单击"确定"按钮开始配置和安装 DHCP 服务器。

- 单击"完成"按钮完成安装。

要为同一子网内的所有客户机自动分配 IP 地址，首先要做的就是创建一个 IP 作用域，这也是事先确定将一段 IP 地址作为 IP 作用域的原因。

（1）打开 DHCP 管理器。选择"开始"菜单→"管理工具"→"DHCP"，打开"DHCP"控制台窗口。默认情况下，里面已经有了你的服务器，如服务器名"yb"（你的计算机名）。可参见图 3.2。

（2）打开作用域的设置窗口。在左窗格中右击 DHCP 服务器名称，如选中服务器名"yb"，按右键，再按"新建作用域"。

（3）设置作用域名。在打开的"新建作用域向导"对话框中单击"下一步"按钮，此地的"名称"项只是做提示用，可填写任意内容，如图 3.2 所示。

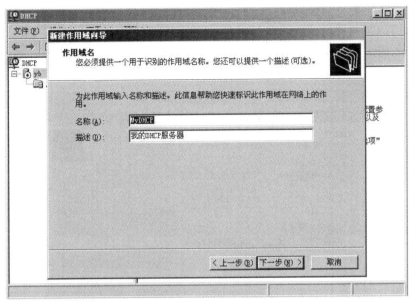

图 3.2 DHCP 的设置

（4）设置可分配的 IP 地址范围：打开"IP 地址范围"向导页，如可分配"192.168.0.10～192.168.0.244"，在"起始 IP 地址"项填写"192.168.0.10"，"结束 IP 地址"项填写"192.168.0.244"；"子网掩码"项为"255.255.255.0"，如图 3.3 所示。

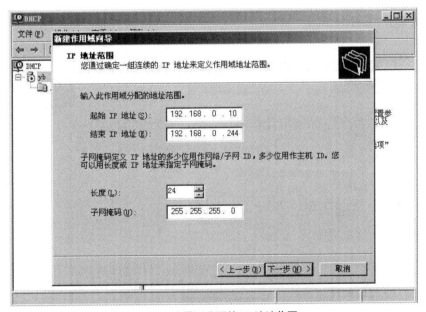

图 3.3 设置可分配的 IP 地址范围

（5）如果有必要，可在下面的选项中输入欲保留的 IP 地址或 IP 地址范围；否则直接单击"下一步"按钮，如图 3.4 所示。

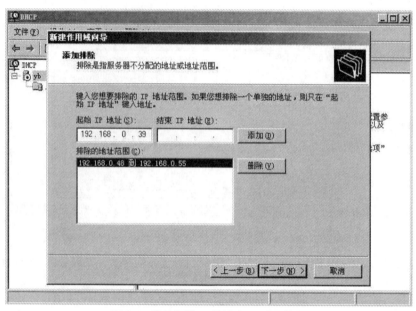

图 3.4 欲保留的 IP 地址或 IP 地址范围

（6）下面的"租约期限"可设定 DHCP 服务器所分配的 IP 地址的有效期，比如设置一年（即 365 天），如图 3.5 所示。

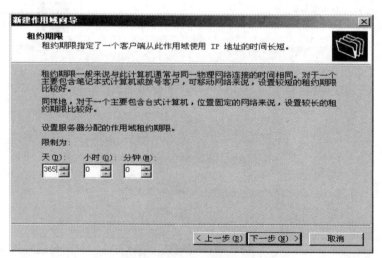

图 3.5 DHCP 的租约期限

（7）选择"是，我想现在配置这些选项"以继续配置分配给工作站的默认的网关、默认

的 DNS 服务地址、默认的 WINS 服务器，在所有有 IP 地址的栏目均输入并添加服务器的 IP

地址为"192.168.0.50"后，再根据提示选"是，我想激活作用域"，点击"完成"按钮即可

结束最后设置，创建好后的地址池分配图如图 3.6 所示。

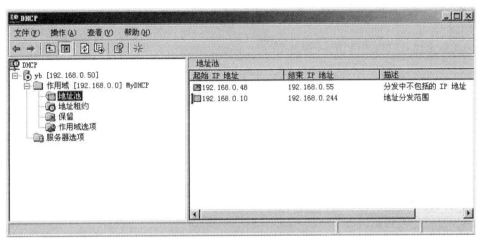

图 3.6　创建好后的地址池分配图

五、实验结果分析及实验报告要求

1. 实验结果分析

将任何一台本网内的 PC 的网络属性设置成"自动获得 IP 地址"、"自动获得 DNS 服务

器地址"，网关栏保持为空（即无内容）。设置成功后，运行"ipconfig/all"（Windows 2000

以上）命令即可看到各项参数已分配成功。

2. 实验报告要求

要求学生提交实验报告，并按要求填写实验报告中的所有信息。

3. 实验报告评分标准

评分可分为优/良/中/及格/不及格。

实验四 在 Windows Server 2012 上安装和配置 DNS 服务器

一、实验学时与目的

（1）实验学时：1。

（2）掌握 DNS 服务器的知识。

（3）学习二十大精神，团结奋斗，贯彻落实好党的二十大重大决策部署。

二、实验设备和仪器

计算机中安装 Windows Server 2012、局域网。

三、实验内容及要求

1. 实验内容

安装与设置 DNS 服务器。

2. 实验要求

（1）仔细阅读实验文档，每个人一台计算机。

（2）每个学生独立完成上述实验。

四、实验原理及步骤

1. 实验原理

DNS 是一个在 TCP/IP 网络上用来将计算机名称转换成 IP 地址的服务系统，无论是在 Intranet 或 Internet 上，都可以使用 DNS 来解析计算机名称以及找出计算机所在的位置。使用计算机名称除了比较容易记忆外，也不怕有 IP 地址更动的问题。

2. 步骤

1）安装 DNS 服务器

安装 DNS 服务器的步骤如下。

（1）启动"添加／删除程序"，打开"添加／删除程序"对话框。

（2）单击"添加／删除 Windows 组件"，打开"Windows 组件向导"对话框，从列表中选择"网络服务"。

（3）单击"详细信息"，从列表中选取"域名系统（DNS）"，单击"确定"按钮。

（4）单击"下一步"按钮，输入 Windows Server 2003 的安装源文件的路径，在光驱中插入安装光盘，单击"确定"按钮开始安装 DNS 服务器。

（5）单击"完成"按钮完成安装。

DNS 服务器的设置步骤如下。

（1）为本地计算机设置固定的 IP 地址。在"本地连接属性"对话框中设置 TCP/IP 协议的属性，点击"高级"按钮，进入"高级 TCP/IP 设置"→"IP 设置"选项卡，添加多个 IP 地址，例如，192.168.0.48、192.168.0.49 和 192.168.0.50，再点击"确定"按钮。因为 DNS 服务器的数据是以区域为管理单位的，因此用户必须先建立区域。在一个区域中，用户还可以按地域、职能等划分为多个子域，以便管理。

（2）打开 DNS 控制台：选择"开始"菜单→"管理工具"→"DNS"。

（3）建立域名"admin.abc.com"映射 IP 地址"192.168.0.50"的主机记录。

① 建立"com"区域：选择"DNS"→"YB（你的服务器名）"，再选择"正向查找区域"→"新建区域"，进入新建区域向导，然后根据提示选择"主要区域"、在"区域名称"处输入"com"。

在"区域文件"对话框中，"创建新文件，文件名为"文本框中已自动输入了以域名为文件名的 DNS 文件，如果是创建"辅助区域"，则选择"使用此现存文件"选项，并输入文件名。单击"下一步"按钮，出现如图 4.1 所示的新建区域。

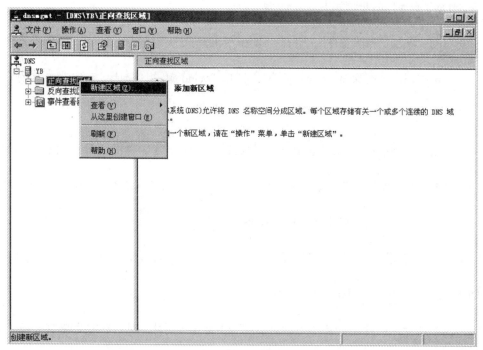

图 4.1　新建区域

在"动态更新"对话框中可以设置是否允许该区域进行动态更新，如果用户对安全性要求比较高，可以选择"不允许动态更新"选项，通常选择"允许非安全和安全动态更新"选项。单击"下一步"按钮，在出现的对话框中单击"完成"按钮即可，如图 4.2 所示。

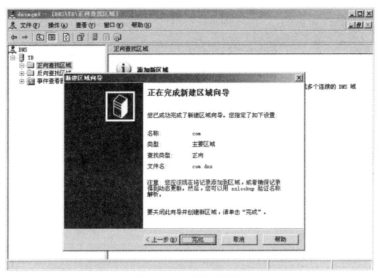

图 4.2　完成新建区域

② 建立"abc"域：选择"com"→"新建域"，在"请键入新的 DNS 域名"处输入"abc"。

③ 建立"admin"主机：选择"abc"→"新建主机"，在"名称（如果为空则使用其父域名称）"处输入"admin"，"IP 地址"处输入"192.168.0.50"，再点击"添加主机"按钮，如图 4.3 和图 4.4 所示。

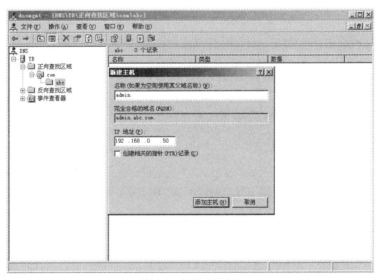

图 4.3　添加 IP 地址

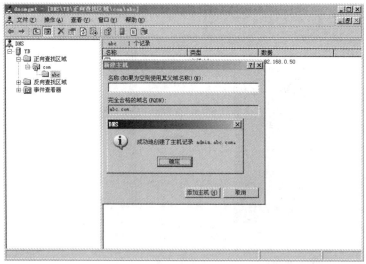

图 4.4　添加主机

（4）建立域名"www.abc.com"映射 IP 地址"192.168.0.48"的主机记录。

① 由于域名"www.abc.com"和域名"admin.abc.com"均位于同一个"区域"和"域"中，均在前面已建立好，因此应直接使用，只需再在"域"中添加相应的"主机名"即可。

② 建立"www"主机：选择"abc"→"新建主机"，在"名称"处输入"www"，"IP 地址"处输入"192.168.0.48"，再点击"添加主机"按钮即可。

（5）建立域名"ftp.abc.com"映射 IP 地址"192.168.0.49"的主机记录方法同上。

（6）建立域名"abc.com"映射 IP 地址"192.168.0.48"的主机记录方法与上述方法相同，只要保持"名称"一项为空即可。建立好后，它的"名称"处将显示"与父文件夹相同"。建立好的 DNS 控制台如图 4.5 所示。

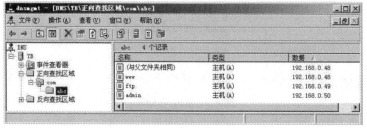

图 4.5　建立好的 DNS 控制台

（7）建立更多的主机记录方法或其他各种记录方法与上述方法类似。建立更多的主机记录如图 4.6 所示。

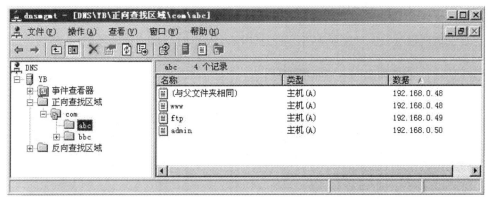

图 4.6　建立更多的主机记录

2）添加反向查询区域

反向查询可以让用户利用 IP 地址查询域名。添加反向查询的具体步骤如下。

（1）在控制台中，选择"反向查找区域"，单击"操作"→"新建区域"菜单命令，启动新建区域向导，再单击"下一步"按钮。

（2）在"区域类型"对话框中选择"主要区域"选项，再单击"下一步"按钮。

（3）在"反向查找区域名称"对话框的"网络 ID"框中输入反向查找区域的网络标识（假设提供反向查询的区域为 198.168.0），向导会自动输入"反向查找区域名称"，如 0.168.192.in-addr.arpa.dns，再单击"下一步"按钮。

（4）在"区域文件"对话框中，"创建新文件，文件名"框中已自动输入了以域名为文件名的 DNS 文件，如果是创建"辅助区域"，则选择"使用此现存文件"选项，并在其中输入文件名，再单击"下一步"按钮。

（5）在"动态更新"对话框中，选择"允许非安全和安全动态更新"选项，单击"下一步"按钮。在出现的对话框中，单击"完成"按钮即可。

3）DNS 设置后的验证

将任何一台本网内的 PC 的网络属性设置为"自动获得 IP 地址"、"自动获得 DNS 服务器地址"，网关栏保持为空（即无内容）。

为了测试所进行的设置是否成功，通常采用系统自带的"ping"命令来完成，格式如"ping www.abc.com"，成功测试的结果如图 4.7 所示。

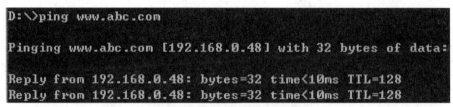

图 4.7　成功测试的结果

五、实验结果分析及实验报告要求

1. 实验结果分析

将 PC 网络属性中的"主 DNS 服务器地址"设置为自己按前述步骤设置好的 DNS 服务器的 IP 地址，采用"ping"命令或"nslookup"命令进行测试和验证。

2. 实验报告要求

要求学生提交实验报告，并按要求填写实验报告中的所有信息。

3. 实验报告评分标准

评分分为优/良/中/及格/不及格。

实验五　在 Windows Server 2012 上实现 Web 服务器的配置与管理

一、实验学时与目的

（1）实验学时：1。

（2）掌握 Web 服务器的知识。

（3）学习"二十大"，"赤诚、担当、大爱、无我"的孔繁森精神是永不熄灭的精神灯塔。

二、实验设备和仪器

计算机中安装 Windows Server 2003，局域网。

三、实验内容及要求

1. 实验内容

按如下步骤安装与设置 DNS 服务器。

（1）在 DNS 中将域名 www.abc.com 指向 IP 地址 192.168.0.1，要求在浏览器中输入此域名就能调出 D:\Myweb 目录下的网页文件。

（2）在 DNS 中将域名 www.bbc.com 指向 IP 地址 192.168.0.2，要求在浏览器中输入此域名就能调出 E:\website\wantong 目录下的网页文件。

（3）在 DNS 中将域名 www.XXX.com 指向其他计算机的 IP 地址，要求在浏览器中输入此域名就能访问其他计算机上的网站。

（4）在一个 IP 地址上利用不同的主机头值（域名）配置多个网站。

2. 实验要求

（1）仔细阅读实验文档，每个人一台计算机。

（2）每个学生独立完成上述实验。

四、实验原理及步骤

1. 实验原理

IIS 是 Internet Information Server（因特网信息服务）的缩写，是一种 Web 服务组件，主要包括 WWW 服务器、FTP 服务器等，分别用于网页浏览、文件传输、新闻服务和邮件发送等方面，它使得在 Intranet（局域网）或 Internet（因特网）上发布信息成了一件很容易的事。IIS 是 Windows 操作系统自带的组件。如果在安装操作系统的时候没有安装 IIS，请打开"控制面板"→"添加或删除程序"→"添加/删除 Windows 组件"安装。由于实验需要进行域名解析，所以需要添加 DNS 组件。

是否可以在一台 Windows Server 2012 服务器上建立多个 WWW 服务器，而且有各自的域名呢？答案是肯定的。

方法一就是在一块网卡上绑定多个 IP 地址，再通过多个 IP 地址建立不同的 Web 站点，并为它们指定域名（也就是建立所谓的虚拟 Web 主机）。

方法二就是在一个服务器的 IP 地址上可以绑定多个 DNS 域名，然后把不同的站点绑定到不同的主机头名上。

方法三就是给不同的站点不同的端口号。这里实验前两种方法，同学们可以选做第三种方法。

2. 步骤

为本地计算机设置固定的 IP 地址。在"本地连接属性"对话框中设置 TCP/IP 协议的属性，点击"高级"按钮进入"高级 TCP/IP 设置"→"IP 设置"选项卡，添加多个 IP 地址，如 192.168.0.1、192.168.0.2、192.168.0.3，然后点击"确定"。这样，一块网卡同时绑定了多个 IP 地址，根据实验需要选择其中一个 IP 地址使用即可。

（1）www.abc.com 的设置。

添加 Internet 信息服务（IIS）组件。打开 IIS 管理器：选择"开始"菜单→"管理工具"→"Internet 信息服务（IIS）"，如图 5.1 和图 5.2 所示。

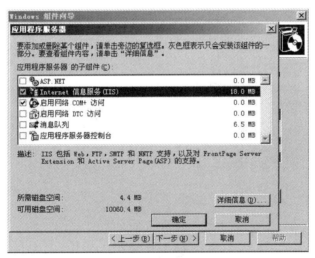

图 5.1　应用程序服务器

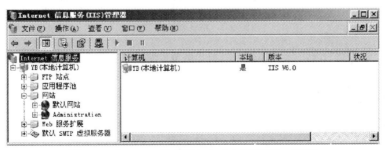

图 5.2　"Internet 信息服务（IIS）管理器"对话框

（2）设置"默认网站"项。

"默认网站"一般用于向所有人开放的 WWW 站点，比如此处的"www.abc.com"，本网中的任何用户都可以无限制地通过浏览器来查看它。

① 打开"默认网站"的属性设置窗口：选择"网站"→"属性"即可。

② 设置"网站"：在"IP 地址"一栏可以选择默认或"192.168.0.48"；"TCP 端口"维持原来的"80"不变，如图 5.3 所示。

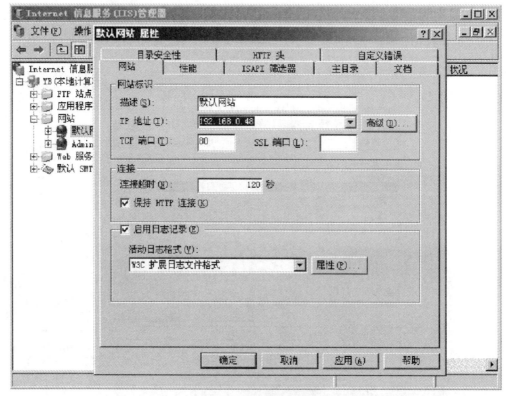

图 5.3 默认网站属性

③ 设置"主目录"：在"本地路径"通过"浏览"按钮来选择你的网页文件所在的目录，此处是"d:\myweb"，如图 5.4 所示。

图 5.4　默认网站详细属性

④ 设置"文档"：确保"启用默认内容文档"一项已选中，再增加需要的默认文档名并相应调整搜索顺序即可。此项的作用是，当在浏览器中只输入域名（或 IP 地址）后，系统会自动在"主目录"中按"次序"（由上到下）寻找列表中指定的文件名，如果能找到第一个，则调用第一个；否则再寻找并调用第二个、第三个……如果"主目录"中没有此列表中的任何一个文件名存在，则显示找不到文件的出错信息，如图 5.5 所示。

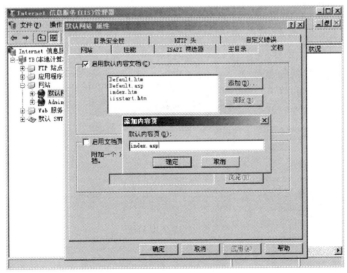

图 5.5　添加内容页

⑤ 其他项目均可不用修改，直接按"确定"即可，这时若在 Windows Server 2000 中出现一些"继承覆盖"等对话框，一般选"全选"之后再"确定"，最终完成"默认网站"的属性设置。

⑥ 如果需要，可再增加虚拟目录，比如，有"www.abc.com/news"之类的地址，"news"可以是"主目录"的下一级目录，也可以在其他任何目录下，即所谓的"虚拟目录"。要在"默认网站"下建立虚拟目录，选择"默认网站"→"新建"→"虚拟目录"，然后在"别名"处输入"news"，在"目录"处选择它的实际路径即可（比如"D:\Newweb"），创建好后如图 5.6 和图 5.7 所示。

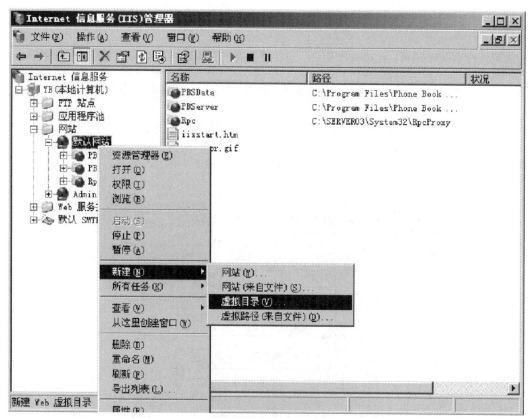

图 5.6　新建虚拟目录

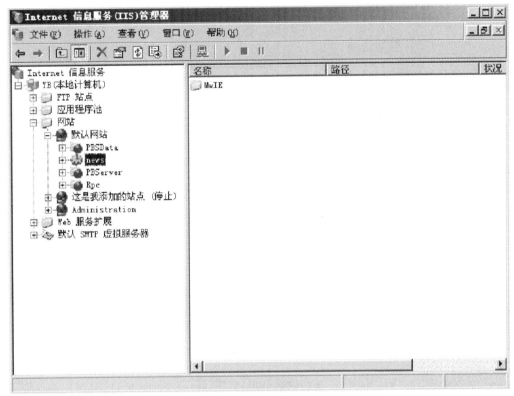

图 5.7 创建网站成功

⑦ "www.abc.com" 的测试：在服务器或任何一个工作站上设置 Web 客户机，指定 DNS 服务器。打开浏览器，在地址栏输入 "http://www.abc.com" 再回车，如果设置正确，就可以直接调出你需要的页面。

（3）"www.bbc.com" 的设置。

① 新建网站：选择 "网站" → "新建" → "网站"，如图 5.8 所示，在 "描述" 处输入任意内容（比如 "这是我添加的站点"），使用 IP 地址 "192.168.0.2"，再按提示选择其对应的目录 "E:\website\wantong" 等项即可；如果要赋予此站点 CGI 等执行权限，还需依提示选择相应项目，创建好后的网站如图 5.9 所示。

图 5.8　新建网站

② 修改其属性：方法请参见"www.abc.com"的设置。

图 5.9　添加网站成功

③ 验证方法亦同 "http://www.abc.com" 的验证方法。

（4）作为客户端，指定 DNS 服务器访问其他计算机上的网站。

（5）在一个 IP 地址上配置多个网站。

可以通过使用一种称为"主机头值"的功能将同一端口号的多个网站映射到单个 IP 地址。通过给各网站指定一个唯一的"主机头值"名，将多个网站映射到一个 IP 地址。使用"主机头值"功能配置网站，可按照下列步骤操作。

① 右键单击要配置的网站，单击"属性"，打开"网站属性"对话框（其中网站名是你选择的网站的名称）。在网站标识下，在 IP 地址列表中选择希望分配给此网站的 IP 地址，端口号默认值为 80。

② 单击"高级"按钮。在"此网站有多个标识"下单击 IP 地址，然后单击"编辑"按钮。

③ 出现"高级网站标识"对话框。在"主机头值"框中，键入希望用的主机标题。例如，键入"www.example1.com"。添加端口号，从列表中选择 IP 地址，然后单击"确定"按钮。

④ 如果你还想为此网站配置其他标识，请单击"添加"按钮。要使用的 IP 地址和 TCP 端口号不变，但要输入一个唯一的主机头值，然后单击"确定"按钮，返回到 IIS 窗口。

例如，如果你想从 Internet 和本地的 Intranet 上访问同一个 Web 站点，则可按表 5.1 中的方式配置 Web 站点的标识。

表 5.1　IP 地址、端口和主机名配置表

IP 地址	TCP 端口	主机标题名
192.168.0.100	80	www.example1.com
192.168.0.100	80	example1.com

⑤ 右键单击下一个要配置的网站，对希望用此 IP 地址包容的网站重复上述步骤。

⑥ 将"主机头值"名注册到域名系统（DNS）服务器，或者在小型网络中，注册到一个"主机"文件。至此，Web 站点已配置为可以根据主机头值来接受 Web 请求了。

五、实验结果分析及实验报告要求

1. 实验结果分析

根据上述访问情况查看并解决遇到的问题。

2. 实验报告要求

要求学生提交实验报告，并按要求填写实验报告中的所有信息。

3. 实验报告评分标准

评分分为优/良/中/及格/不及格。

实验六　新华三平台基本配置命令

一、实验学时与目的

（1）实验学时：1。

（2）了解新华三平台基本配置命令。

（3）了解安装和使用模拟配置软件 H3C Cloud Lab。

（4）深入学习贯彻党的二十大精神，加快构建新安全格局。

二、实验设备和仪器

每个人一台计算机，新华三实验平台 H3C Cloud Lab。

三、实验内容及要求

1. 实验内容

（1）将 PC 连接路由器。

（2）配置基本路由器命令。

2. 实验要求

（1）将 PC 登录路由器，仔细阅读实验文档，确定实验环境中需要绘制的网络拓扑图。

（2）学生独立完成上述路由器配置实验。

四、实验原理及步骤

在浏览器中输入 192.168.95.1（A 组）:8888，2~8 对应 B 组到 E 组。H3C 设备管理控制台界面如图 6.1 所示。

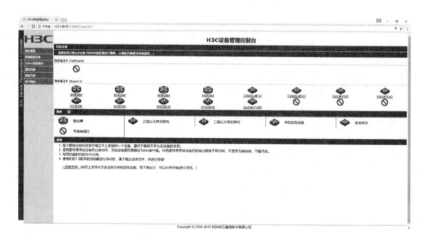

图 6.1　H3C 设备管理控制台界面

选择 H3C 设备管理控制台中的第一台路由器，再选择打开 SecureCRT Application，进入 SecureCRT 配置界面，如图 6.2 所示。

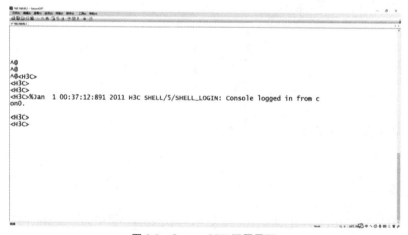

图 6.2　SecureCRT 配置界面

配置步骤如下。

（1）步骤一：进入系统视图。

完成实验六时，配置界面处于用户视图下，执行 system-view 命令，进入系统视图，如下：

```
<H3C>system-view
System View:return to User View with Ctrl+Z.
[H3C]
```

此时提示符变为"[XXX]"形式，说明用户已经处于系统视图。

在系统视图下，执行 quit 命令，可以从系统视图切换到用户视图，如下：

```
[H3C]quit
<H3C>
```

（2）步骤二：使用帮助特性和补全键。

H3C Comware 平台支持对命令行的输入帮助和智能补全功能。输入帮助特性：当输入命令时，如果忘记某个命令的全称，那么可以在配置视图下只输入该命令的前几个字符，然后键入<?>，系统就会自动列出以刚才输入的前几个字符开头的所有命令。当输入完一个命令关键字或参数时，也可以用<?>查看紧随其后的关键字和参数。

在系统视图下输入 sys，再输入?，系统会列出以 sys 开头的所有命令，如下：

```
    [H3C]sys?
    sysid     Set the system ID
    sysname   Specify the host name
```

智能补全功能：当输入命令时，不需要输入一条命令的全部字符，只要输入前几个字符，再按 Tab 键，系统会自动补全该命令。如果当多个命令都具有相同的前缀字符时，连续按 Tab 键，系统会在这几个命令之间切换。

在系统视图下输入 sys，如下：

```
    [H3C]sys
```

按 Tab 键，系统会自动补全该命令，如下：

```
[H3C]sysid
```

再按 Tab 键，会显示：

```
[H3C]sysname
```

在系统视图下输入 in，如下：

```
[H3C]in
```

按 Tab 键，系统会自动补全以 in 开头的第一个命令，如下：

```
[H3C]info-center
```

再按 Tab 键，系统在以 in 为前缀的命令中切换，如下：

```
[H3C]inspect
[H3C]interface
```

（3）步骤三：更改系统名称。

使用 sysname 命令更改系统名称，如下：

```
[H3C]sysname yourname
[yourname]
```

由以上输出可见，此时显示的系统名称已经由初始的 H3C 变为 yourname。

（4）步骤四：更改系统时间。

首先查看当前系统时间，用户视图和系统视图均可查看，如下：

```
[yourname]display clock
01:06:31 UTC Sat 01/01/2011
[yourname]clock protocol none
```

使用 quit 命令退出系统视图，修改系统时间，如下：

```
<R1>clock datetime 10:10:10 10/01/2020
```

（5）步骤五：显示系统运行配置。

使用 display current-configuration 命令显示系统当前运行的配置，由于使用的设备及模块不同，所以操作时显示的具体内容也会有所不同。在如下配置信息中，请注意查看刚刚配置的 sysname yourname 命令，同时请查阅接口信息，并与设备的实际接口和模块进行对比。

```
<yourname>display current-configuration（查看当前配置信息）
#
version 7.1.064,Release 0707P21
#
sysname yourname
#
dhcp enable
dhcp server always-broadcast
#
dns proxy enable
#
password-recovery enable
#
VLAN 1
#
dhcp server ip-pool lan1
gateway-list 192.168.0.1
network 192.168.0.0 mask 255.255.254.0
address range 192.168.1.2 192.168.1.254
dns-list 192.168.0.1
#
controller Cellular0/0
#
interface NULL0
---- More ----
```

按空格键可以进行翻页显示，按 Enter 键可以进行翻行显示，或者按 Ctrl+C 快捷键结束

显示，这里按空格键继续显示配置。

```
interface GigabitEthernet 0/0
 port link-mode route
#
interface GigabitEthernet 0/5
 port link-mode route
#
interface GigabitEthernet 0/1
 port link-mode bridge
#
interface GigabitEthernet 0/2
 port link-mode bridge
#
interface GigabitEthernet 0/3
 port link-mode bridge
#
```

```
interface GigabitEthernet 0/4
 port link-mode bridge
#
 scheduler logfile size 16
#
line class console
 user-role network-admin
#
line class tty
 user-role network-operator
#
line class usb
 user-role network-admin
#
line class vty
 user-role network-operator
#
line con 0
user-role network-admin
```

从以上输出可以看到，sysname yourname 已经显示在系统当前配置中了。从当前配置中可以看出该路由器的物理接口分别是 GigabitEthernet0/0、GigabitEthernet0/5、GigabitEthernet0/1、GigabitEthernet0/2、GigabitEthernet0/3、GigabitEthernet0/4。

1. 实验原理

将 PC 连接路由器，并实现对路由器的配置，组网图如图 6.3 所示。

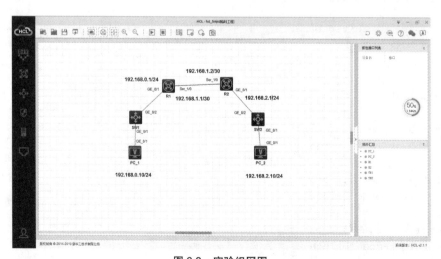

图 6.3　实验组网图

2. 步骤

（1）配置 Device 接口地址，命令如下：

```
#配置接口 GigabitEthernet 0/0 地址为 192.168.100.230/24
<Sysname> system
[Sysname] interface GigabitEthernet 0/0
[Sysname-GigabitEthernet 0/0] ip address 192.168.100.230 24
[Sysname-GigabitEthernet 0/0] quit
```

（2）配置认证，命令如下：

```
#设置 VTY 的认证模式为 scheme
[Sysname] line vty 0 15
[Sysname-line-vty0-15] authentication-mode scheme
[Sysname-line-vty0-15] quit
#创建设备管理类本地用户 admin
[Sysname] local-user admin
#指定本地用户的授权用户角色为 network-admin
[Sysname-luser-manage-admin] authorization-attribute user-role network-admin
#配置该本地用户的服务类型为 Telnet
[Sysname-luser-manage-admin] service-type telnet
#配置该本地用户的密码为 admin
[Sysname-luser-manage-admin] password simple admin
[Sysname-luser-manage-admin] quit
```

（3）开启 Telnet 服务，命令如下：

```
[Sysname] telnet server enable
```

五、实验结果分析及实验报告要求

1. 实验结果分析

（1）配置完成后，Host A 与 Host B 能通过 Telnet 登录设备。

（2）选择"开始→运行→输入 cmd→输入 telnet 192.168.100.230→回车→输入用户名和密码"登录。

2. 实验报告要求

要求学生提交实验报告，并按要求填写实验报告中的所有信息。

3. 实验报告评分标准

评分分为优/良/中/及格/不及格。

实验七　网络设备基本连接与调试

一、实验学时与目的

（1）实验学时：2。

（2）掌握路由器通过串口相连的基本方法。

（3）掌握 ping 系统连通性监测命令的使用方法。

（4）掌握静态路由的配置方法。

（5）为实现党的二十大提出的目标而努力奋斗。

二、实验设备和仪器

每个人一台计算机，局域网，新华三实验平台 H3C Cloud Lab。

三、实验内容及要求

1. 实验内容

（1）使用新华三实验平台绘制实验网络拓扑图。

（2）配置 PC 和路由器的网络信息。

（3）使用 ping 命令和配置静态路由。

2. 实验要求

（1）使用 H3C Cloud Lab，仔细阅读实验文档，确定实验环境中需要绘制的网络拓扑图。

（2）学生合作完成上述交换机配置实验。

3. 组网需求

实验组网图如图 7.1 所示。

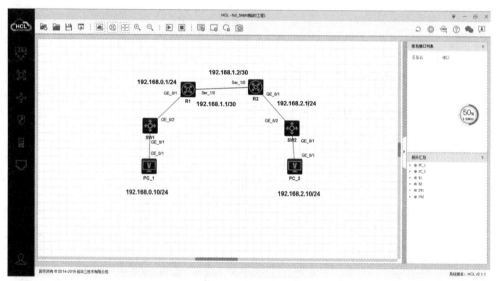

图 7.1　实验组网图

四、实验原理及步骤

1. 实验原理

在计算机网络系统中，交换概念的提出是对共享工作模式的改进。交换机拥有一条很高带宽的背部总线和一个内部交换矩阵。交换机的所有端口都挂接在这条背部总线上，控制电路收到数据包以后，处理端口会查找内存中的地址对照表以确定目的 MAC（网卡的硬件地址）的 NIC（网卡）挂接在哪个端口上，通过内部交换矩阵迅速将数据包传送到目的端口，目的 MAC 若不存在，那么将广播到所有的端口，接收端口回应后，交换机会"学习"新的地址，并将它添加到内部 MAC 地址表中。使用交换机也可以将网络"分段"，通过对照 MAC 地址表，交换机只允许必要的网络流量通过交换机。通过交换机的过滤和转发，可以有效地隔离广播风暴，减少误包和错包的出现，避免共享冲突。

交换机在同一时刻可进行多个端口之间的数据传输。每个端口都可视为独立的网段，连接在其上的网络设备独自享有全部的带宽，无须同其他设备竞争使用。总之，交换机是一种基于 MAC 地址识别、能完成封装转发数据包功能的网络设备。交换机会"学习"MAC 地址，并将其存放在内部地址表中，通过在数据帧的始发者和目标接收者之间建立临时的交换路径，使数据帧直接由源地址到达目的地址。

2. 步骤

（1）分别配置 PC_1 到 PC_4 的 IP 地址和子网掩码，如图 7.2 所示。

PC_1 的 IP 地址为 192.168.0.10，子网掩码为 255.255.255.0，默认网关为 192.168.0.1。

图 7.2　PC_1 的网络配置

再分别配置 PC_2、R1 和 R2 的网络信息。

PC_2 的 IP 地址为 192.168.2.10,子网掩码为 255.255.255.0,默认网关为 192.168.2.1。

R1 的配置命令如下:

```
<H3C>sys
System View:return to User View with Ctrl+Z.
[H3C]sysname R1
[R1]int G0/1
[R1-GigabitEthernet0/1]ip address 192.168.0.1 24
[R1-GigabitEthernet0/1]int S1/0
[R1-Serial1/0]ip address 192.168.1.1 30
```

R2 的配置命令如下:

```
<H3C>sys
System View:return to User View with Ctrl+Z.
[H3C]sysname R2
[R2]int G0/1
[R2-GigabitEthernet 0/1]ip address 192.168.2.1 24
[R2-GigabitEthernet 0/1]int S1/0
[R2-Serial 1/0]ip address 192.168.1.2 30
```

(2)使用 ping 命令检查连通性。

① R1 ping R2 的串口 S1/0,检查路由器之间串口的连通性,命令如下:

```
<R1>ping 192.168.1.2
ping 192.168.1.2 (192.168.1.2):56 data bytes,press CTRL_C to break
56 bytes from 192.168.1.2:icmp_seq=0 ttl=255 time=1.000 ms
56 bytes from 192.168.1.2:icmp_seq=1 ttl=255 time=1.000 ms
56 bytes from 192.168.1.2:icmp_seq=2 ttl=255 time=2.000 ms
56 bytes from 192.168.1.2:icmp_seq=3 ttl=255 time=1.000 ms
56 bytes from 192.168.1.2:icmp_seq=4 ttl=255 time=1.000 ms
```

结果显示,R1 收到了 ICMP 的 Echo Reply 报文,R1 可以 ping 通 R2,反之亦然。

② PC_1 ping R1,有以下两种情况。

• 进入 PC_1 的命令行窗口,ping R1 的 G0/1 和 S0/1 口地址,结果显示都是连通的。

• PC_1 ping PC_2 与 R2 的 G0/1 和 S0/1 口地址,结果显示都是不连通的。

结果证明,由 PC_1 发送给 PC_2 和 R2 的 ICMP 请求报文,没有收到回应报文。

在 R1 上使用 display ip routing-table 命令查看 R1 的路由表，如下：

```
[R1]display ip routing-table

Destinations:17        Routes:17

Destination/Mask     Proto    Pre Cost     Ne  xtHop       Interface
0.0.0.0/32           Direct   0   0        12  7.0.0.1     InLoop0
127.0.0.0/8          Direct   0   0        12  7.0.0.1     InLoop0
127.0.0.0/32         Direct   0   0        12  7.0.0.1     InLoop0
127.0.0.1/32         Direct   0   0        12  7.0.0.1     InLoop0
127.255.255.255/32   Direct   0   0        12  7.0.0.1     InLoop0
192.168.0.0/24       Direct   0   0        19  2.168.0.1   GE0/1
192.168.0.0/32       Direct   0   0        19  2.168.0.1   GE0/1
192.168.0.1/32       Direct   0   0        12  7.0.0.1     InLoop0
192.168.0.255/32     Direct   0   0        19  2.168.0.1   GE0/1
192.168.1.0/30       Direct   0   0        19  2.168.1.1   Ser1/0
192.168.1.0/32       Direct   0   0        19  2.168.1.1   Ser1/0
192.168.1.1/32       Direct   0   0        12  7.0.0.1     InLoop0
192.168.1.2/32       Direct   0   0        19  2.168.1.2   Ser1/0
192.168.1.3/32       Direct   0   0        19  2.168.1.1   Ser1/0
224.0.0.0/4          Direct   0   0        0.  0.0.0.0     NULL0
224.0.0.0/24         Direct   0   0        0.  0.0.0.0     NULL0
255.255.255.255/32   Direct   0   0        12  7.0.0.1     InLoop0
```

在路由表 Destination 项中，没有看到 192.168.2.0 表项，所以当 R1 收到 PC_1 发送给 PC_2 的 ping 报文后，不知道如何转发，会丢弃该报文。结果就是 PC_1 无法 ping 通 PC_2。

但是在路由表中，有具体路由表项 192.168.1.2，为什么 PC_1 还是无法 ping 通 R2 的串口 S1/0 呢？因为在 R2 的路由表中没有 192.168.0.0 表项，所以，虽然 R1 将 PC_1 ping 请求报文发送给了 R2，但是 R2 不知道如何转发 ping 的回应报文给 PC_1。因此，PC_1 也无法 ping 通 R2 的串口 S1/0。

（3）配置静态路由。

使用 ip route-static 命令分别在路由器 R1 和 R2 上配置静态路由，目的网段为对端路由器与 PC 的互联网段，并将路由下一跳指向对端路由器的接口地址。

R1 上的配置命令如下：

```
ip route-static 192.168.2.0 255.255.255.0 192.168.1.2
```

R2 上的配置命令如下：

```
ip route-static 192.168.0.0 255.255.255.0 192.168.1.1
```

PC_1 ping PC_2 连通。

五、实验结果分析及实验报告要求

1. 实验结果分析

（1）在未配置 R1 和 R2 的静态路由之前，PC_1 和 PC_2 不连通。

（2）选择 R1 和 R2 静态路由的配置，再次测试 PC_1 和 PC_2 的连通性。

2. 实验报告要求

要求学生提交实验报告，并按要求填写实验报告中的所有信息。

3. 实验报告评分标准

评分分为优/良/中/及格/不及格。

实验八 配置链路聚合

一、实验学时与目的

（1）实验学时：2。

（2）了解以太网交换机链路聚合的基本工作原理。

（3）掌握以太网交换机静态链路聚合的基本配置方法。

（4）高举中国特色社会主义伟大旗帜，全面贯彻新时代中国特色社会主义思想，弘扬伟大建党精神。

二、实验设备和仪器

每个人一台计算机，局域网，新华三实验平台 H3C Cloud Lab。

三、实验内容及要求

1. 实验内容

（1）使用新华三实验平台绘制实验网络拓扑图。

（2）配置 PC 和交换机的网络信息。

2. 实验要求

（1）使用 H3C Cloud Lab，仔细阅读实验文档，确定实验环境中需要绘制的网络拓扑图。

（2）学生合作完成上述交换机配置实验。

3. 组网需求

实验组网图如图 8.1 所示。

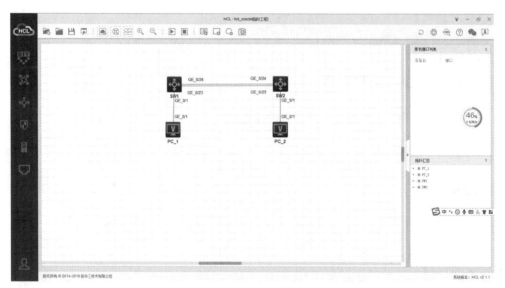

图 8.1　实验组网图

四、实验原理及步骤

1. 实验原理

链路聚合的作用：增加链路带宽，提供链路可靠性。

聚合链路负载分担原理：聚合后链路基于流进行负载分担。

链路聚合分类：静态聚合，双方系统间不使用聚合协议来协商链路信息；动态聚合，双方系统间使用聚合协议来协商链路信息。

LACP（Link Aggregation Control Protocol，链路聚合控制协议）是一种基于 IEEE 802.3ad

标准的、能够实现链路动态聚合的协议。

2. 步骤

（1）配置 PC_1 和 PC_2 的 IP 地址和子网掩码，如图 8.2 所示。

PC_1 的 IP 地址为 192.168.0.10，其子网掩码为 255.255.255.0。

图 8.2　PC_1 的网络配置

再配置 PC_2 的网络信息。

PC_2 的 IP 地址为 192.168.0.11、子网掩码为 255.255.255.0。

（2）配置静态聚合。

配置 SW1 的命令如下：

```
[H3C]int Bridge-Aggregation 1
[H3C-Bridge-Aggregation1]int g1/0/23
[H3C-GigabitEthernet1/0/23]port link-a
[H3C-GigabitEthernet1/0/23]port link-aggregation group 1
[H3C-GigabitEthernet1/0/23]int g1/0/24
[H3C-GigabitEthernet1/0/24]port link-aggregation group 1
```

SW2 与 SW1 的配置命令一样。

（3）查看聚合组信息。

分别在 SW1 和 SW2 上查看所配置的聚合组信息。正确的信息应如下所示：

```
[H3C]display link-aggregation summary
Aggregation Interface Type:
BAGG -- Bridge-Aggregation,BLAGG -- Blade-Aggregation,RAGG --
Route-Aggregation,SCH-B -- Schannel-Bundle
Aggregation Mode:S -- Static,D -- Dynamic
Loadsharing Type:Shar -- Loadsharing,NonS -- Non-Loadsharing
Actor System ID:0x8000,3a8b-0b84-0100

AGG         AGG Partner ID    Selected    Unselected    Individual    Share
Interface   Mode              Ports       Ports         Ports         Type
--------------------------------------------------------------------------
BAGG1       S   None          2           0             0             Shar
```

以上信息表明，交换机上有一个链路聚合端口，其 ID 是 1，组中包含 2 个 Selected 状态端口，并工作在负载分担模式下。

（4）链路聚合组验证。

在 PC_1 上执行 ping 命令，以使 PC_1 向 PC_2 不间断发送 ICMP 报文。

```
<H3C>ping 192.168.0.11
ping 192.168.0.11 (192.168.0.11):56 data bytes,press CTRL_C to break
56 bytes from 192.168.0.11:icmp_seq=0 ttl=255 time=3.000 ms
56 bytes from 192.168.0.11:icmp_seq=1 ttl=255 time=2.000 ms
56 bytes from 192.168.0.11:icmp_seq=2 ttl=255 time=2.000 ms
56 bytes from 192.168.0.11:icmp_seq=3 ttl=255 time=2.000 ms
56 bytes from 192.168.0.11:icmp_seq=4 ttl=255 time=2.000 ms
```

注意观察交换机面板上端口 LED 显示灯，闪烁表明有数据流通过。将聚合组中 LED 显示灯闪烁端口上的电缆断开，观察 PC_1 发送的 ICMP 报文有无丢失。正常情况下，应该没有报文丢失。

无报文丢失，说明聚合组中的两个端口之间是相互备份的。当一个端口不能转发数据流时，系统将数据流从另外一个端口发送出去。

五、实验结果分析及实验报告要求

1. 实验结果分析

（1）查看聚合组信息。

（2）测试 PC_1 和 PC_2 的连通性。

2. 实验报告要求

要求学生提交实验报告，并按要求填写实验报告中的所有信息。

3. 实验报告评分标准

评分分为优/良/中/及格/不及格。

实验九　新华三平台下 DHCP 的配置

一、实验学时与目的

（1）实验学时：1。

（2）了解 DHCP 协议工作的原理。

（3）掌握作为 DHCP 服务器的常用配置命令。

（4）掌握作为 DHCP 中继的常用配置命令。

（5）学习贯彻党的二十大精神，全面把握新时代十年伟大变革的深刻内涵和重大意义。

二、实验设备和仪器

每个人一台计算机，局域网，新华三实验平台 H3C Cloud Lab。

三、实验内容及要求

1. 实验内容

（1）使用新华三实验平台绘制实验网络拓扑图。

（2）配置 PC 和交换机的网络信息。

2. 实验要求

（1）使用 H3C Cloud Lab，仔细阅读实验文档，确定实验环境中需要绘制的网络拓扑图。

（2）学生合作完成上述交换机配置实验。

3. 组网需求

实验组网图如图 9.1 所示。

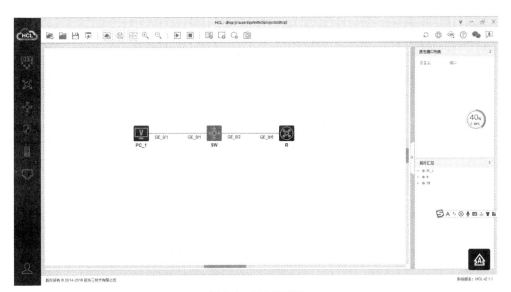

图 9.1 实验组网图

四、实验原理及步骤

1. 实验原理

手动为局域网中的大量主机配置 IP 地址、掩码、网关等参数，其工作烦琐，容易出错。

DHCP 可以自动为局域网中的主机完成 TCP/IP 协议的配置。

DHCP 自动配置避免了 IP 地址冲突的问题。

DHCP 是 Dynamic Host Configuration Protocol（动态主机配置协议）的缩写。

DHCP 是从 BOOTP（Bootstrap Protocol）发展而来的，其作用是向主机动态分配 IP 地址及其他相关信息。

DHCP 采用客户端/服务器模式，服务器负责集中管理，客户端向服务器提出配置申请，服务器根据策略返回相应的配置信息。

DHCP 报文采用 UDP 封装。服务器所侦听的端口号是 67，客户端的端口号是 68。

DHCP 具有如下特点。

- 即插即用性。客户端无须配置即能获得 IP 地址及相关参数，可简化客户端网络配置，降低维护成本。

- 统一管理。所有 IP 地址及相关参数信息由 DHCP 服务器统一管理，统一分配。

- 使用效率高。通过 IP 地址租期管理，提高了 IP 地址的使用效率。

- 可跨网段实现。通过使用 DHCP 中继，可使处于不同子网中的客户端和 DHCP 服务器之间实现协议报文交互。

DHCP 地址分配方式有以下几种。

- 手工分配：根据需求，网络管理员为某些少数特定的主机（如 DNS 服务器、打印机）绑定固定的 IP 地址，其地址不会过期。

- 自动分配：为连接到网络的某些主机分配 IP 地址，该地址将长期由该主机使用。

- 动态分配：主机申请 IP 地址最常用的方法。DHCP 服务器为客户端指定一个 IP 地址，同时为此地址规定了一个租用期限，如果租用时间到期，客户端必须重新申请 IP 地址。

2. 步骤

（1）在路由器接口上配置 IP 地址，命令如下：

```
[R-GigabitEthernet0/0]ip address 172.16.0.1 24
```

（2）配置 R 作为 DHCP 服务器，命令如下：

```
[R]dhcp enable
[R]dhcp server forbidden-ip 172.16.0.1
[R]dhcp server ip-pool pool1
[R-dhcp-pool-pool1]network 172.16.0.0 mask 255.255.255.0
[R-dhcp-pool-pool1]gateway-list 172.16.0.1
[R-dhcp-pool-pool1]quit
```

配置完成后，可以用以下命令查看 R 上 DHCP 地址池的相关配置：

```
[R]display dhcp server pool
Pool name:pool1
  Network:172.16.0.0 mask 255.255.255.0
  expired day 1 hour 0 minute 0 second 0
  reserve expired-ip enable
  reserve expired-ip mode client-id time 4294967295 limit 256000
gateway-list 172.16.0.1
```

（3）PC_1 通过 DHCP 服务器自动获得 IP 地址，如图 9.2 所示。

图 9.2　PC_1 通过 DHCP 服务器自动获得 IP 地址

（4）在 R 上用 display dhcp server statistics 命令查看 DHCP 服务器的统计信息，如下：

```
<R>display dhcp server statistics
   Pool number:                1
   Pool utilization:           0.78%
   Bindings:
   Automatic:                  1
     Manual:                   0
     Expired:                  0
   Conflict:                   0
   Messages received:          2
     DHCPDISCOVER:             1
     DHCPREQUEST:              1
     DHCPDECLINE:              0
     DHCPRELEASE:              0
     DHCPINFORM:               0
     BOOTPREQUEST:             0
   Messages sent:              2
     DHCPOFFER:                1
     DHCPACK:                  1
     DHCPNAK:                  0
     BOOTPREPLY:               0
   Bad Messages:               0
```

从以上输出可知，目前路由器上有一个地址池，有一个 IP 地址被自动分配给了客户端。

在 R 上用 display dhcp sever ip-in-use 命令来查看 DHCP 服务器已分配的 IP 地址，如下：

```
<R>display dhcp server ip-in-use
IP address    Client identifier/   Lease expiration Type    Hardware address
172.16.1.2    0033-6331-332e-6364- Aug 12 09:04:46 2020 Auto(C)
              6565-2e30-3130-362d-
              4745-302f-302f-31
```

以上信息表明 172.16.1.2 被分配给了 PC_1。

用 display dhcp server free-ip 命令来查看 DHCP 服务器可供分配的 IP 地址资源，如下：

```
<R>display dhcp server free-ip
Pool name:pool1
  Network:172.16.1.0 mask 255.255.255.0
    IP ranges from 172.16.1.3 to 172.16.1.254
```

从以上输出可知，IP 地址 172.16.1.2、172.16.1.1、172.16.1.0 不是可分配的 IP 地址资源，

因为 172.16.1.1 被禁止分配，172.16.1.2 被分配给了 PC_1，172.16.1.0 是网络地址。

（5）在设备上配置 IP 地址及路由，如表 9.1 所示。

表 9.1　设备 IP 地址列表

设备名称	物理接口	IP 地址	VLAN 虚拟接口
SW	GigabitEthernet1/0/1	172.16.1.1/24	VLAN-interface1
	GigabitEthernet1/0/2	172.16.0.1/24	VLAN-interface2
R	GigabitEthernet0/0	172.16.0.2/24	--

（6）在 SW 上配置 VLAN 虚拟接口及 IP 地址，如下：

```
[H3C]VLAN 2
[H3C-VLAN2]int g1/0/2
[H3C-GigabitEthernet1/0/2]port access VLAN 2
[H3C-GigabitEthernet1/0/2]int VLAN-in
[H3C-GigabitEthernet1/0/2]int VLAN-interface 1
[H3C-VLAN-interface1]ip address 172.16.1.1 24
[H3C-VLAN-interface1]interface VLAN-interface 2
[H3C-VLAN-interface2]ip address 172.16.0.1 24
```

（7）在 R 上配置接口 IP 地址及静态路由，如下：

```
[R-GigabitEthernet0/0]ip address 172.16.0.2 24
[R-GigabitEthernet0/0]ip route-static 172.16.1.0 24 172.16.0.1
```

（8）在 R 上配置 DHCP 服务器及在 SW 上配置 DHCP 中继，如下：

```
[R]dhcp enable
[R]dhcp server forbidden-ip 172.16.1.1
[R]dhcp server ip-pool pool1
[R-dhcp-pool-pool1]network 172.16.1.0 mask 255.255.255.0
[R-dhcp-pool-pool1]gateway-list 172.16.1.1
```

（9）配置 SW 信息，如下：

```
[SW]dhcp enable
[SW]interface VLAN-interface 1
[SW-VLAN-interface1]dhcp select relay
[SW-VLAN-interface1]dhcp relay server-address 172.16.0.2
```

（10）PC 通过 DHCP 中继获取 IP 地址。

（11）查看 DHCP 中继相关信息。

在 SW 上查看 DHCP 服务器地址信息，如下：

```
<SW>display dhcp relay server-address
Interface name          Server IP address
```

```
VLAN1                        172.16.0.2
```

再查看 DHCP 中继的相关报文统计信息，如下：

```
<SW>display dhcp relay statistics
DHCP packets dropped:                    0
DHCP packets received from clients:      3
    DHCPDISCOVER:                        2
    DHCPREQUEST:                         1
    DHCPINFORM:                          0
    DHCPRELEASE:                         0
    DHCPDECLINE:                         0
    BOOTPREQUEST:                        0
DHCP packets received from servers:      2
    DHCPOFFER:                           1
    DHCPACK:                             1
    DHCPNAK:                             0
    BOOTPREPLY:                          0
```

五、实验结果分析及实验报告要求

1. 实验结果分析

（1）查看聚合组信息。

（2）测试 PC_1 和 PC_2 的连通性。

2. 实验报告要求

要求学生提交实验报告，并按要求填写实验报告中的所有信息。

3. 实验报告评分标准

评分分为优/良/中/及格/不及格。

实验十　基于端口的 VLAN 典型配置

一、实验学时与目的

（1）实验学时：1。

（2）了解计算机网络设备——交换机的基本工作原理和基本配置方法；练习交换机上 VLAN 和 VTP 的配置，交换机间 TRUNK 的配置；验证 VLAN、VTP、TRUNK 的工作原理。

（3）领会二十大精神，让学生明确学习目标。

二、实验设备和仪器

每个人一台计算机，局域网，新华三实验平台 H3C Cloud Lab。

三、实验内容及要求

1. 实验内容

（1）使用新华三实验平台绘制实验网络拓扑图。

（2）交换机上 VLAN 和 VTP 的配置，交换机间 TRUNK 的配置。

（3）验证 VLAN、VTP、TRUNK 的工作原理。

2．实验要求

（1）使用 H3C Cloud Lab，仔细阅读实验文档，确定实验环境中需要绘制的网络拓扑图。

（2）学生合作完成上述交换机配置实验。

3．组网需求

如图 10.1 所示，Host A 和 Host C 属于部门 A，通过不同的设备接入公司网络；Host B 和 Host D 属于部门 B，也通过不同的设备接入公司网络。为了通信的安全性，以及避免广播报文泛滥，公司网络中使用 VLAN 技术来隔离部门间的二层流量。其中部门 A 使用 VLAN 100，部门 B 使用 VLAN 200。

现要求同一 VLAN 内的主机能够互通，即 Host A 和 Host C 能够互通，Host B 和 Host D 能够互通。

VLAN 组网图如图 10.1 所示。

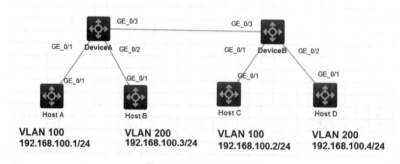

图 10.1　VLAN 组网图

四、实验原理及步骤

1．实验原理

交换机在同一时刻可进行多个端口之间的数据传输。每个端口都可视为独立的网段，连接在其上的网络设备独自享有全部的带宽，无须同其他设备之间竞争。总之，交换机是一种基于 MAC 地址识别、能完成封装转发数据包功能的网络设备。交换机会"学习"MAC 地址，并把其存放在内部地址表中，通过在数据帧的始发者和目标接收者之间建立临时的交换路径，使数据帧直接由源地址到达目的地址。

1）VLAN

虚拟局域网（Virtual LAN，VLAN）是交换机端口的逻辑组合。VLAN 工作在 OSI 的第二层，一个 VLAN 就是一个广播域，VLAN 之间的通信是通过第三层的路由器来完成的。

VLAN 有以下优点：①控制网络的广播问题：每个 VLAN 是一个广播域，一个 VLAN 上的广播不会扩散到另一个 VLAN；②简化网络管理：当 VLAN 中的用户位置移动时，网络管理员只需设置几条命令即可；③提高网络的安全性：VLAN 能控制广播，但 VLAN 之间不能直接通信。

定义交换机的端口在 VLAN 上的常用方法有：①基于端口的 VLAN：管理员把交换机上的某一端口指定为某一 VLAN 的成员；②基于 MAC 地址的 VLAN：交换机根据节点的 MAC 地址决定将其放置在哪个 VLAN 中。

2）Trunk

当一个 VLAN 跨过不同的交换机时，虽在同一 VLAN 上但却是在不同交换机的计算机上进行通信时需要使用 Trunk。Trunk 技术可在一条物理线路上传送多个 VLAN 信息，交换机从属于某一 VLAN（例如 VLAN 3）的端口接收到数据，在 Trunk 链路上进行传输前，会加上一个标记，表明该数据是 VLAN 3 的；到了对方交换机，交换机会把该标记去掉，只发送到属于 VLAN 3 的端口上。

有两种常见的帧标记技术：ISL 和 802.1Q。ISL 技术在原有的帧上重新加了一个帧头，并重新生成帧校验序列（FCS），ISL 是 Cisco 公司特有的技术，因此不能在 Cisco 交换机和非 Cisco 交换机之间使用。而 802.1Q 技术在原有帧的源 MAC 地址字段后插入标记字段，同时用新的 FCS 字段替代原有的 FCS 字段，该技术是国际标准，得到了所有厂家的支持。Cisco 交换机之间的链路是否形成 Trunk 可以自动协商，这个协议称为 DTP（Dynamic Trunk Protocol），DTP 还可以协商 Trunk 链路的封装类型。

3）VTP

VTP（VLAN Trunk Protocol）提供了一种用于在交换机上管理 VLAN 的方法，该协议可让我们在一个或者几个中央点（Server）上创建、修改、删除 VLAN，VLAN 信息通过 Trunk 链路自动扩散到其他交换机，任何参与 VTP 的交换机都可以接受这些修改，所有交换机保持相同的 VLAN 信息。

VTP 被组织成管理域（Domain），相同域中的交换机能共享 VLAN 信息。根据交换机在 VTP 域中作用的不同，VTP 可以分为三种模式：①服务器（Server）模式：在 VTP 服务器上能创建、修改、删除 VLAN，同时这些信息会通告给域中的其他交换机。默认情况下，交换机是服务器模式。每个 VTP 域必须至少有一台服务器，域中的 VTP 服务器可以有多台。②客户机（Client）模式：VTP 客户机上不允许创建、修改、删除 VLAN，但它会监听来自其他交换机的 VTP 通告并更改自己的 VLAN 信息。接收到的 VTP 信息也会在 Trunk 链路上向其他交换机转发，因此这种交换机还能充当 VTP 中继。③透明（Transparent）模式：这种模式的交换机不参与 VTP。可以在这种模式的交换机上创建、修改、删除 VLAN，但是这些 VLAN 信息并不会通告给其他交换机，它也不接受其他交换机的 VTP 通告而更新自己的 VLAN 信息。然而，需要注意的是，它会通过 Trunk 链路转发接收到的 VTP 通告来充当 VTP 中继的角色，因此完全可以把该交换机看成是透明的。

VTP 通告是以组播帧的方式发送的，VTP 通告中有一个字段称为修订（Revision）号，初始值为 0。只要在 VTP Server 上创建、修改、删除 VLAN，通告的修订号就增加 1，通告中还包含 VLAN 的变化信息。需要注意的是，高修订号的通告会覆盖低修订号的通告，而不管谁是 Server 还是 Client。交换机只接受比本地保存的修订号更高的通告；如果交换机收到修订号更低的通告，则会用自己的 VLAN 信息反向覆盖。

2. 步骤

（1）分别配置 PC_A 到 PC_D 的 IP 地址和子网掩码，如图 10.2 所示。

PC_A 的 IP 地址为 192.168.100.1，子网掩码为 255.255.255.0。

图 10.2　PC_A 网络配置图

再依次配置 PC_B 到 PC_D 的 IP 地址和子网掩码。在 PC_A 上使用 ping 命令测试 PC_B、

PC_C 和 PC_D 的网络连通性，在未划分 VLAN 之前，4 台 PC 相互之间的网络都是连通的，

信息如下：

```
<H3C>ping 192.168.100.4
ping 192.168.1.4 (192.168.100.4):56 data bytes,press CTRL_C to break
56 bytes from 192.168.100.4:icmp_seq=1 ttl=255 time=2.000 ms
56 bytes from 192.168.100.4:icmp_seq=2 ttl=255 time=2.000 ms
56 bytes from 192.168.100.4:icmp_seq=3 ttl=255 time=2.000 ms
56 bytes from 192.168.100.4:icmp_seq=4 ttl=255 time=2.000 ms
```

（2）配置交换机 DeviceA 的信息，如下：

批量配置接口 GigabitEthernet1/0/1～GigabitEthernet1/0/2 工作在二层模式

\# 创建 VLAN 100，并将 GigabitEthernet1/0/1 加入 VLAN 100 中

[DeviceA]VLAN 100 创建 VLAN 100

[DeviceA-VLAN 100]port g1/0/1 将对应的端口加入 VLAN 100 中

\# 创建 VLAN 200，并将 GigabitEthernet1/0/2 加入 VLAN 200 中

[DeviceA-VLAN 100]VLAN 200

[DeviceA-VLAN 200]port g1/0/2

[DeviceA-VLAN 200]quit

\# 为了将 DeviceA 上的 VLAN 100 和 VLAN 200 的报文发送给 Device B，将 GigabitEthernet2/0/3 的链路类型配置为 Trunk，并允许 VLAN 100 和 VLAN 200 的报文通过

[DeviceA-VLAN 200]int g1/0/3

[DeviceA-GigabitEthernet1/0/3]port link-type Trunk 将端口链路类型设置为 Trunk 模式

[DeviceA-GigabitEthernet1/0/3]port Trunk permit VLAN 100 200 允许 VLAN 100 200 通过 Trunk 交换数据信息

（3）交换机 DeviceB 上的配置信息与 DeviceA 上的配置信息相同，不再赘述。

五、实验结果分析及实验报告要求

1. 实验结果分析

（1）Host A 和 Host C 能够互相 ping 通，但是均不能 ping 通 Host B。Host B 和 Host D 能够互相 ping 通，但是均不能 ping 通 Host A。

（2）通过上述步骤配置、测试 Trunk、VLAN、VTP。

（3）选择 PC 并测试相关的 VLAN、VTP 配置。

2. 实验报告要求

要求学生提交实验报告，并按要求填写实验报告中的所有信息。

3. 实验报告评分标准

评分分为优/良/中/及格/不及格。

实验十一 IP 路由基础

一、实验学时与目的

（1）实验学时：2。

（2）掌握路由转发的基本原理。

（3）掌握查看路由表的基本命令。

（4）领会二十大精神，培养学生的团队协作精神。

二、实验设备和仪器

每个人一台计算机，局域网，新华三实验平台 H3C Cloud Lab。

三、实验内容及要求

1. 实验内容

（1）使用 H3C Cloud Lab 绘制实验网络拓扑图。

（2）查看路由表。

（3）静态路由配置。

2. 实验要求

（1）使用 H3C Cloud Lab 仔细阅读实验文档，确定实验环境中需要绘制的网络拓扑图。

（2）学生合作完成上述路由配置实验。

IP 路由配置基础图如图 11.1 所示。

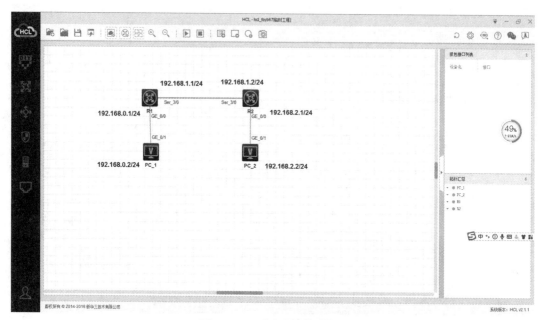

图 11.1　IP 路由配置基础图

四、实验原理及步骤

1. 实验原理

路由器负责将数据报文在逻辑网段间进行转发，路由是指导路由器如何进行数据报文发送的路径信息，每台路由器都有路由表，路由存储在路由表中。

路由环路是由错误的路由导致的，它会造成 IP 报文在网络中循环转发，浪费网络带宽。

静态路由是在路由器中人工设置的固定路由表。除非网络管理员干预，否则静态路由不会发生变化。由于静态路由不能对网络的改变作出反应，一般用于网络规模不大、拓扑结构固定的网络中。静态路由的优点是简单、高效、可靠。

路由的来源主要包括以下几点。

（1）直连路由，开销小，配置简单，不需要人工维护。

（2）只能发现本接口所属网段的路由。手工配置的静态路由，无开销，配置简单，需人工维护，适合简单拓扑结构的网络。

（3）路由协议发现的路由，开销大，配置复杂，不需要人工维护，适合复杂拓扑结构的网络。

2. 步骤

（1）在路由器 R1 上查看路由表，命令如下：

```
<H3C>display ip routing-table

Destinations:8  Routes:8

Destination/Mask     Proto    Pre Cost     Ne  xtHop     Interface
0.0.0.0/32           Direct   0   0        12  7.0.0.1   InLoop0
127.0.0.0/8          Direct   0   0        12  7.0.0.1   InLoop0
127.0.0.0/32         Direct   0   0        12  7.0.0.1   InLoop0
127.0.0.1/32         Direct   0   0        12  7.0.0.1   InLoop0
127.255.255.255/32   Direct   0   0        12  7.0.0.1   InLoop0
224.0.0.0/4          Direct   0   0        0.  0.0.0     NULL0
224.0.0.0/24         Direct   0   0        0.  0.0.0     NULL0
255.255.255.255/32   Direct   0   0        12  7.0.0.1   InLoop0
```

（2）配置 PC_1 和 PC_2 的 IP 地址、子网掩码和默认网关。

配置 PC_1 的 IP 地址、子网掩码和默认网关，如图 11.2 所示。

图 11.2　PC_1 网络配置图

PC_2 的 IP 地址、子网掩码和默认网关的配置与 PC_1 的配置类似。

（3）配置接口地址，命令如下：

```
# 配置 R1 的接口地址
[R1-GigabitEthernet0/0]ip address 192.168.0.1 24
[R1-GigabitEthernet0/0]int s3/0
[R1-Serial3/0]ip address 192.168.1.1 24
# 配置 R2 的接口地址
[R2]int g0/0
[R2-GigabitEthernet0/0]ip address 192.168.2.1 24
[R2-GigabitEthernet0/0]int s3/0
[R2-Serial3/0]ip address 192.168.1.2 24
```

（4）配置完 PC 和路由器的接口地址后，再次查看路由表，命令如下：

```
[R1]display ip routing-table

Destinations:17  Routes:17

Destination/Mask      Proto    Pre Cost     NextHop         Interface
0.0.0.0/32            Direct   0   0        127.0.0.1       InLoop0
127.0.0.0/8           Direct   0   0        127.0.0.1       InLoop0
127.0.0.0/32          Direct   0   0        127.0.0.1       InLoop0
127.0.0.1/32          Direct   0   0        127.0.0.1       InLoop0
127.255.255.255/32    Direct   0   0        127.0.0.1       InLoop0
192.168.0.0/24        Direct   0   0        192.168.0.1     GE0/0
192.168.0.0/32        Direct   0   0        192.168.0.1     GE0/0
192.168.0.1/32        Direct   0   0        127.0.0.1       InLoop0
192.168.0.255/32      Direct   0   0        192.168.0.1     GE0/0
192.168.1.0/24        Direct   0   0        192.168.1.1     Ser3/0
192.168.1.0/32        Direct   0   0        192.168.1.1     Ser3/0
192.168.1.1/32        Direct   0   0        127.0.0.1       InLoop0
192.168.1.2/32        Direct   0   0        192.168.1.2     Ser3/0
192.168.1.255/32      Direct   0   0        192.168.1.1     Ser3/0
224.0.0.0/4           Direct   0   0        0.0.0.0         NULL0
224.0.0.0/24          Direct   0   0        0.0.0.0         NULL0
255.255.255.255/32    Direct   0   0        127.0.0.1       InLoop0
```

由以上输出可知，在 R1 上配置了 IP 地址 192.168.0.1 和 192.168.1.1，以及在 R2 上配置了 192.168.1.2 后，R1 的路由表中有了直连路由 192.168.0.0/24、192.168.0.1/32 等。其中，192.168.0.1/32 等是主机路由，192.168.0.0/24 等是子网路由。直连路由是由链路层协议发现的路由，链路层协议 up 后，路由器会将其加入路由表中。如果我们关闭链路层协议，则相关直连路由也消失。

（5）在 R1 上关闭接口，命令如下：

```
[R1-GigabitEthernet0/0]shutdown
```

查看路由表，命令如下：

```
[R1-GigabitEthernet0/0]display ip routing-table

Destinations:13  Routes:13

Destination/Mask      Proto    Pre Cost     NextHop         Interface
0.0.0.0/32            Direct   0   0        127.0.0.1       InLoop0
```

127.0.0.0/8	Direct	0	0	127.0.0.1	InLoop0
127.0.0.0/32	Direct	0	0	127.0.0.1	InLoop0
127.0.0.1/32	Direct	0	0	127.0.0.1	InLoop0
127.255.255.255/32	Direct	0	0	127.0.0.1	InLoop0
192.168.1.0/24	Direct	0	0	192.168.1.1	Ser3/0
192.168.1.0/32	Direct	0	0	192.168.1.1	Ser3/0
192.168.1.1/32	Direct	0	0	127.0.0.1	InLoop0
192.168.1.2/32	Direct	0	0	192.168.1.2	Ser3/0
192.168.1.255/32	Direct	0	0	192.168.1.1	Ser3/0
224.0.0.0/4	Direct	0	0	0.0.0.0	NULL0
224.0.0.0/24	Direct	0	0	0.0.0.0	NULL0
255.255.255.255/32	Direct	0	0	127.0.0.1	InLoop0

由以上输出可知，在接口 shutdown 后所运行的链路层协议关闭，直连路由也自然消失了，再开启接口，命令如下：

```
[R1-GigabitEthernet0/0]undo shutdown
```

等到链路层协议 up 后，再次查看路由表，可以发现 GigabitEthernet0/0 的直连路由又出现了。

在 PC_1 上使用 ping 命令测试网关的连通性，显示连通，再测试 PC_1 到 PC_2 的连通性，显示不连通。通过在 R1 上使用 display ip routing-table 命令，发现 R1 路由表中没有到 PC_2 所在网段 192.168.2.0/24 的路由。PC_1 发出报文到 R1 后，R1 就会丢弃并返回不可达信息给 PC_1。我们可以通过配置静态路由而使网络可通。

配置静态路由，命令如下：

```
# 在 R1 上配置静态路由
[R1]ip route-static 192.168.2.0 24 192.168.1.2

# 在 R2 上配置静态路由
[R2]ip route-static 192.168.0.0 24 192.168.1.1
```

使用 ping 命令测试 PC 之间的连通性。

（6）路由环路观察。

为了人为造成环路，需要在 R1 和 R2 上分别配置一条默认路由，下一跳互相指向对方。因为路由器之间是用串口相连的，所以可以配置下一跳为本地接口。

配置 R1 的命令如下：

```
[R1]ip route-static 0.0.0.0 0.0.0.0 s3/0
```

配置 R2 的命令如下：

```
[R2]ip route-static 0.0.0.0 0.0.0.0 s3/0
```

配置完成后，在 R1 上查看路由表，命令如下：

```
[R1]display ip routing-table
```

```
Destinations:19        Routes:19
```

Destination/Mask	Proto	Pre	Cost	NextHop	Interface
0.0.0.0/0	Static	60	0	0.0.0.0	Ser3/0
0.0.0.0/32	Direct	0	0	127.0.0.1	InLoop0
127.0.0.0/8	Direct	0	0	127.0.0.1	InLoop0
127.0.0.0/32	Direct	0	0	127.0.0.1	InLoop0
127.0.0.1/32	Direct	0	0	127.0.0.1	InLoop0
127.255.255.255/32	Direct	0	0	127.0.0.1	InLoop0
192.168.0.0/24	Direct	0	0	192.168.0.1	GE0/0
192.168.0.0/32	Direct	0	0	192.168.0.1	GE0/0
192.168.0.1/32	Direct	0	0	127.0.0.1	InLoop0
192.168.0.255/32	Direct	0	0	192.168.0.1	GE0/0
192.168.1.0/24	Direct	0	0	192.168.1.1	Ser3/0
192.168.1.0/32	Direct	0	0	192.168.1.1	Ser3/0
192.168.1.1/32	Direct	0	0	127.0.0.1	InLoop0
192.168.1.2/32	Direct	0	0	192.168.1.2	Ser3/0
192.168.1.255/32	Direct	0	0	192.168.1.1	Ser3/0
192.168.2.0/24	Static	60	0	192.168.1.2	Ser3/0
224.0.0.0/4	Direct	0	0	0.0.0.0	NULL0
224.0.0.0/24	Direct	0	0	0.0.0.0	NULL0
255.255.255.255/32	Direct	0	0	127.0.0.1	InLoop0

由以上输出可见，默认路由配置成功，但这样会形成转发环路，报文在两台路由器之间被循环转发，直到 TTL 值为 0 后被丢弃。

因此，在不同的路由器上配置相同网段的静态路由时，不要配置路由的下一跳互相指向对方，否则就形成环路。

五、实验结果分析及实验报告要求

1. 实验结果分析

（1）通过上述步骤验证静态路由、默认路由。

（2）配置完成后，PC_1 可以 ping 通 PC_2。

2. 实验报告要求

要求学生提交实验报告，并按要求填写实验报告中的所有信息。

3. 实验报告评分标准

评分分为优/良/中/及格/不及格。

实验十二　静态路由配置

一、实验学时与目的

（1）实验学时：2。

（2）了解计算机网络设备——路由器的基本工作原理和基本配置方法，练习静态路由、默认路由配置，验证静态路由、默认路由。

（3）了解模拟配置软件。

（4）领会二十大精神，培养学生的实际动手能力。

二、实验设备和仪器

每个人一台计算机，局域网，新华三实验平台 H3C Cloud Lab。

三、实验内容及要求

1. 实验内容

（1）使用 H3C Cloud Lab 绘制实验网络拓扑图。

（2）静态路由、默认路由配置。

（3）验证静态路由、默认路由。

2. 实验要求

（1）使用 H3C Cloud Lab，仔细阅读实验文档，确定实验环境中需要绘制的网络拓扑图。

（2）学生合作完成上述路由配置实验。静态路由配置组网图如图 12.1 所示。

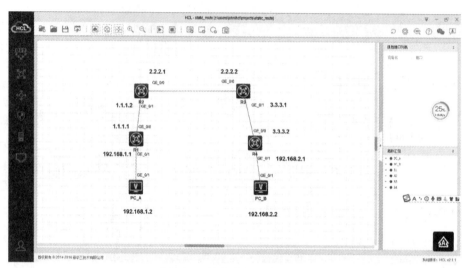

图 12.1　静态路由配置组网图

四、实验原理及步骤

1. 实验原理

典型的路由选择方式有两种：静态路由和动态路由。

静态路由是在路由器中人工设置的固定路由表。除非网络管理员干预，否则静态路由不会发生变化。由于静态路由不能对网络的改变作出反应，一般用于网络规模不大、拓扑结构固定的网络中。静态路由的优点是简单、高效、可靠。在所有的路由中，静态路由优先级最高。当动态路由与静态路由发生冲突时，以静态路由为准。静态路由和动态路由有各自的特点和适用范围，因此在网络中，动态路由通常作为静态路由的补充。当一个分组在路由器中进行寻径时，路由器首先查找静态路由，如果查到，则根据相应的静态路由转发分组，否则再查找动态路由。

　　当 IP 子网中的一台主机发送 IP 分组给同一 IP 子网的另一台主机时，它将直接把 IP 分组送到网络上，对方就能收到。而要送给不同 IP 子网上的主机时，它要选择一个能到达目的子网上的路由器，把 IP 分组送给该路由器，由路由器负责把 IP 分组送到目的地。如果没有找到这样的路由器，主机就把 IP 分组送给一个称为"缺省网关（Default Gateway，默认网关）"的路由器上。"缺省网关"是每台主机上的一个配置参数，它是接在同一个网络上的某个路由器端口的 IP 地址。"缺省网关"对应的静态路由表中的项目就是缺省路由（默认路由）。

2. 步骤

（1）配置 PC_A 和 PC_B 的 IP 地址、子网掩码和默认网关，如图 12.2 所示。

配置 PC_A 的 IP 地址、子网掩码和默认网关。

图 12.2　PC_A 网络配置图

PC_B 的 IP 地址、子网掩码和默认网关的配置与 PC_A 的配置类似。

（2）配置接口地址，命令如下：

配置 R1 的接口地址

```
<H3C>SYS
System View: return to User View with Ctrl+Z.
[H3C]sysname R1
[R1]int g0/1
[R1-GigabitEthernet0/1]ip address 192.168.1.1 24
[R1-GigabitEthernet0/1]int g0/0
[R1-GigabitEthernet0/0]ip address 1.1.1.1 24
```

配置 R2 的接口地址

```
<H3C>sys
System View: return to User View with Ctrl+Z.
[H3C]sysname R2
[R2]int g0/1
[R2-GigabitEthernet0/1]ip address 1.1.1.2 24
[R2-GigabitEthernet0/1]int g0/0
[R2-GigabitEthernet0/0]ip address 2.2.2.1 24
```

配置 R3 的接口地址

```
<H3C>sys
System View: return to User View with Ctrl+Z.
[H3C]sysname R3
[R3]int g0/0
[R3-GigabitEthernet0/0]ip address 2.2.2.2 24
[R3-GigabitEthernet0/0]int g0/1
[R3-GigabitEthernet0/1]ip address 3.3.3.1 24
```

配置 R4 的接口地址

```
<H3C>sys
System View: return to User View with Ctrl+Z.
[H3C]sysname R4
[R4]int g0/0
[R4-GigabitEthernet0/0]ip add
[R4-GigabitEthernet0/0]ip address 3.3.3.2 24
[R4-GigabitEthernet0/0]int g0/1
[R4-GigabitEthernet0/1]ip address 192.168.2.1 24
```

使用 ping 命令测试 PC_A 与路由器、PC_B 的连通性。

（3）配置静态路由，命令如下：

在 R1 上配置静态路由

```
<R1>sys
System View: return to User View with Ctrl+Z.
[R1]ip route-static 2.2.2.0 24 1.1.1.2
[R1]ip route-static 3.3.3.0 24 1.1.1.2
[R1]ip route-static 192.168.2.0 24 1.1.1.2
```

在 R2 上配置静态路由

```
<R2>sys
System View: return to User View with Ctrl+Z.
```

```
[R2]ip route-static 192.168.1.0 24 1.1.1.1
[R2]ip route-static 3.3.3.0 24 2.2.2.2
[R2]ip route-static 192.168.2.0 24 2.2.2.2
```

在 R3 上配置静态路由

```
<R3>sys
System View: return to User View with Ctrl+Z.
[R3]ip route-static 1.1.1.0 24 2.2.2.1
[R3]ip route-static 192.168.2.0 24 3.3.3.2
[R3]ip route-static 192.168.1.0 24 2.2.2.1
```

在 R4 上配置默认路由

```
Ip route-static 192.168.1.0 24 3.3.3.1
Ip route-static 1.1.1.0 24 3.3.3.1
Ip route-static 2.2.2.0 24 3.3.3.1

<R4>sys
System View: return to User View with Ctrl+Z.
[R4]ip route-static 0.0.0.0 0.0.0.0 3.3.3.1
```

使用 ping 命令测试 PC 之间的连通性。

五、实验结果分析及实验报告要求

1. 实验结果分析

（1）通过上述步骤验证静态路由、默认路由。

（2）配置完成后，PC_A 可以 ping 通 PC_B。

2. 实验报告要求

要求学生提交实验报告，并按要求填写实验报告中的所有信息。

3. 实验报告评分标准

评分分为优/良/中/及格/不及格。

实验十三　RIPv1 配置

一、实验学时与目的

（1）实验学时：2。

（2）了解计算机网络设备——路由器的基本工作原理和 RIP 协议。

（3）了解模拟配置软件。

（4）领会二十大精神，让学生养成艰苦朴素的作风。

二、实验设备和仪器

每个人一台计算机，局域网，新华三实验平台 H3C Cloud Lab。

三、实验内容及要求

1. 实验内容

（1）使用 H3C Cloud Lab 绘制实验网络拓扑图。

（2）RIPv1 配置。

2. 实验要求

（1）使用 H3C Cloud Lab，仔细阅读实验文档，确定实验环境中需要绘制的网络拓扑图。

（2）学生合作完成上述路由配置实验。RIPv1 路由配置组网图如图 13.1 所示。

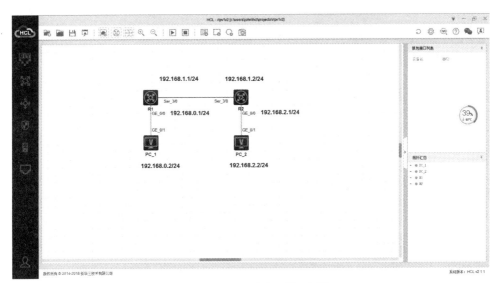

图 13.1　RIPv1 路由配置组网图

四、实验原理及步骤

1. 实验原理

目前，TCP／IP 网络全部是通过路由器互联起来的，路由器工作包括路由（寻径）和转发两项基本内容。路由即判定到达目的地的最佳路径，由路由选择算法来实现。转发即沿选好的最佳路径传送信息来分组。典型的路由选择方式有两种：静态路由和动态路由。

2. 步骤

（1）配置 PC_1 和 PC_2 的 IP 地址、子网掩码和默认网关等。

（2）配置接口地址，命令如下：

```
# 配置 R1 的接口地址
[H3C]sysname R1
[R1]int g0/0
[R1-GigabitEthernet0/0]ip address 192.168.0.1 24
 [R1-GigabitEthernet0/0]int s3/0
```

```
[R1-Serial3/0]ip address 192.168.1.1 24
```
配置 R2 的接口地址
```
[H3C]sysname R2
[R2]int g0/0
[R2-GigabitEthernet0/0]ip address 192.168.2.1 24
[R2-GigabitEthernet0/0]int s3/0
[R2-Serial3/0]ip address 192.168.1.2 24
```

在 PC_1 上使用 ping 命令测试网关（192.168.0.1）的连通性，结果显示连通。

再测试 PC_1 到 PC_2 的可达性，结果显示不可达。

使用 display ip routing-table 命令查看 R1 上的路由表，发现路由表上没有到 PC_2 所在网段 192.168.0.2 的路由。我们可以在路由器上配置 RIP 协议来解决此问题。

（3）配置静态路由，命令如下：

在 R1 上启用 RIP 协议
```
[R2]rip
[R2-rip-1]network 192.168.0.0
[R2-rip-1]network 192.168.1.0
```
在 R2 上配置静态路由
```
[R2]rip
[R2-rip-1]network 192.168.1.0
[R2-rip-1]network 192.168.2.0
```

使用 ping 命令测试 PC 之间的连通性。

在 R1 上用 display rip 命令查看，如下：

```
[R1]dis rip
 Public VPN-instance name:
   RIP process:1
     RIP version:1
     Preference:100
     Checkzero:Enabled
     Default cost:0
     Host routes:Enabled
     Maximum number of load balanced routes:32
     Update time:30 secs Timeout time:180 secs
     Suppress time:120 secs  Garbage-collect time:120 secs
     Update output delay:20(ms) Output count:3
     TRIP retransmit time:5(s) Retransmit count:36
     Graceful-restart interval:60 secs
     Triggered Interval:5 50 200
```

```
Silent interfaces:GE0/0
Default routes:Disabled
Verify-source:Enabled
Networks:
  192.168.0.0  192.168.1.0
```

从以上输出信息可知，目前路由器运行的是 RIPv1，自动聚合功能是打开的；路由更新周期（update time）是 30 秒，network 命令所指的网段是 192.168.0.0 和 192.168.1.0。

输入 debugging，观察 RIP 收发协议报文的情况，在使用 undo debugging all 命令时关闭 debugging，以免影响后续实验。

```
<R1>terminal debugging
The current terminal is enabled to display debugging logs.
<R1>debug rip 1 packet
```

五、实验结果分析及实验报告要求

1. 实验结果分析

（1）通过上述步骤验证静态路由、默认路由。

（2）配置完成后，PC_A 可以 ping 通 PC_B。

2. 实验报告要求

要求学生提交实验报告，并按要求填写实验报告中的所有信息。

3. 实验报告评分标准

评分分为优/良/中/及格/不及格。

实验十四　动态路由配置

一、实验学时与目的

（1）实验学时：2。

（2）了解计算机网络设备——路由器的基本工作原理和基本配置方法，练习动态路由配置，验证动态路由。

（3）了解模拟配置软件。

（4）领会二十大精神，培养学生的自主创新能力。

二、实验设备和仪器

每个人一台计算机，局域网，新华三实验平台 H3C Cloud Lab。

三、实验内容及要求

1. 实验内容

（1）使用 H3C Cloud Lab 绘制实验网络拓扑图。

（2）动态路由配置。

（3）验证动态路由。

2. 实验要求

（1）使用 H3C Cloud Lab，仔细阅读实验文档，确定实验环境中需要绘制的网络拓扑图。

（2）学生合作完成上述路由配置实验。动态路由配置组网图如图 14.1 所示。

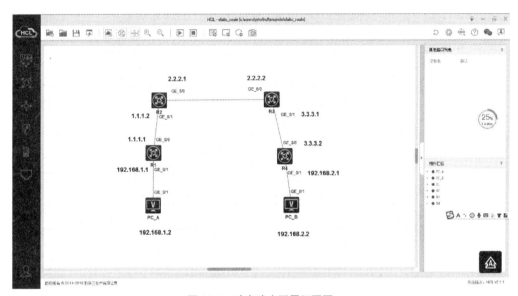

图 14.1 动态路由配置组网图

四、实验原理及步骤

1. 实验原理

动态路由协议能够自动发现路由、计算路由。

最早的动态路由协议是 RIP（Routing Information Protocol，路由信息协议），其原理简单，配置容易。RIP 是一种基于距离矢量（Distance-Vector）算法的路由协议，适用于中小型网络，分为 RIPv1 和 RIPv2。RIP 支持水平分割、毒性逆转和触发更新等工作机制，防止路由环路。RIP 基于 UDP 传输，端口号为 520。

RIPv1 的缺点主要包含以下几点。

（1）RIPv1 发送协议报文时不携带掩码，路由交换过程中有时会造成错误。

（2）不支持认证。

（3）只能以广播方式发布协议报文。

RIPv2 的改进如下。

（1）RIPv2 是一种无类别路由协议（Classless Routing Protocol）。

（2）RIPv2 协议报文中携带掩码信息，支持 VLSM（可变长子网掩码）和 CIDR。

（3）RIPv2 支持以组播方式发送路由更新报文，组播地址为 224.0.0.9，可减少网络与系统资源消耗。

（4）RIPv2 支持对协议报文进行验证，并提供明文验证和 MD5 验证两种方式，以增强安全性。

2. 步骤

（1）取消静态路由配置 R1，命令如下：

```
<R1>sys
System View:return to User View with Ctrl+Z.
[R1]undo ip route-static 2.2.2.0 24 1.1.1.2
[R1]undo ip route-static 3.3.3.0 24 1.1.1.2
[R1]undo ip route-static 192.168.2.0 24 1.1.1.2
R2:
<R2>sys
System View:return to User View with Ctrl+Z.
[R2]undo ip route-static 192.168.1.0 24 1.1.1.1
[R2]undo ip route-static 3.3.3.0 24 2.2.2.2
[R2]undo ip route-static 192.168.2.0 24 2.2.2.2
R3:
[R3]undo ip route-static 192.168.1.0 24 2.2.2.1
[R3]undo ip route-static 1.1.1.0 24 2.2.2.1
[R3]undo ip route-static 192.168.2.0 24 3.3.3.2
R4:[R4]undo ip route-static 0.0.0.0 0.0.0.0 3.3.3.1
```

（2）配置动态路由，命令如下：

```
[R1]rip
[R1-rip-1]network 192.168.1.0 发布直连网段
[R1-rip-1]network 1.1.1.0
```

```
[R2]rip
[R2-rip-1]network 2.2.2.0
[R2-rip-1]network 1.1.1.0
[R3]rip
[R3-rip-1]network 2.2.2.0
[R3-rip-1]network 3.3.3.0
[R4]rip
[R4-rip-1]network 192.168.2.0
[R4-rip-1]network 3.3.3.0
```

使用 ping 命令测试 PC 之间的连通性。

五、实验结果分析及实验报告要求

1. 实验结果分析

（1）通过上述步骤验证动态路由。

（2）配置完成后，PC_A 可以 ping 通 PC_B。

2. 实验报告要求

要求学生提交实验报告，并按要求填写实验报告中的所有信息。

3. 实验报告评分标准

评分分为优/良/中/及格/不及格。

实验十五　配置 OSPF 基本功能

一、实验学时与目的

（1）实验学时：2。

（2）了解计算机网络设备——路由器的基本工作原理和基本配置方法，练习 OSPF（Open Shortest Path First，开放最短路径优先）配置，验证 OSPF。

（3）了解模拟配置软件。

（4）领会二十大精神，培养学生的网络职业素养。

二、实验设备和仪器

每个人一台计算机，局域网，新华三实验平台 H3C Cloud Lab。

三、实验内容及要求

1. 实验内容

（1）使用 H3C Cloud Lab 绘制实验网络拓扑图。

（2）OSPF 配置。

（3）验证动态路由。

2. 实验要求

（1）使用 H3C Cloud Lab，仔细阅读实验文档，确定实验环境中需要绘制的网络拓扑图。

（2）学生合作完成上述 OSPF 路由配置实验。OSPF 配置组网图如图 15.1 所示。

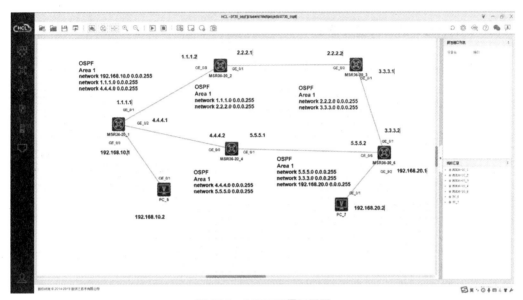

图 15.1　OSPF 配置组网图

四、实验原理及步骤

1. 实验原理

RIP 协议存在无法避免的缺陷，多用于构建中小型网络。以跳数评估的路由并非最优路径，最大跳数 16 会导致网络尺度小，而 RIP 协议限制网络直径不能超过 16 跳。

随着网络规模的日益扩大，RIP 协议已经不能完全满足需求；OSPF 协议解决了很多 RIP 协议无法解决的问题，因而得到了广泛应用。

OSPF 协议的原理包括以下几点。

（1）OSPF 是 IETF 开发的基于链路状态的自治系统内部路由协议。

（2）OSPF 仅传播对端设备不具备的路由信息，网络收敛迅速，有效避免了网络资源浪费。

（3）OSPF 直接工作于 IP 层之上，IP 协议号为 89。

（4）OSPF 以组播地址发送协议包。

2. 步骤

（1）配置各接口的 IP 地址（略）。

（2）OSPF 基本功能配置。

R1 的配置命令如下：

```
<H3C>system-view
[H3C]ospf
[H3C-ospf-1]
[H3C-ospf-1]area 1
[H3C-ospf-1-area-0.0.0.1]
[H3C-ospf-1-area-0.0.0.1]network 192.168.10.0 0.0.0.255
[H3C-ospf-1-area-0.0.0.1]network 1.1.1.0 0.0.0.255
[H3C-ospf-1-area-0.0.0.1]network 4.4.4.0 0.0.0.255
[H3C-ospf-1-area-0.0.0.1]display ip routing-table
Destinations:24      Routes:25
Destination/Mask      Proto    Pre Cost     NextHop        Interface
0.0.0.0/32            Direct   0   0        127.0.0.1      InLoop0
1.1.1.0/24            Direct   0   0        1.1.1.1        GE0/1
1.1.1.0/32            Direct   0   0        1.1.1.1        GE0/1
1.1.1.1/32            Direct   0   0        127.0.0.1      InLoop0
1.1.1.255/32          Direct   0   0        1.1.1.1        GE0/1
2.2.2.0/24            O_INTRA  10  2        1.1.1.2        GE0/1
3.3.3.0/24            O_INTRA  10  3        1.1.1.2        GE0/1
```

R2 的配置命令如下：

```
<R2>sys
System View:return to User View with Ctrl+Z.
[R2]ospf
[R2-ospf-1]area 1
[R2-ospf-1-area-0.0.network 1.1.1.0 0.0.0.255
[R2-ospf-1-area-0.0.0.1]network 2.2.2.0 0.0.0.255
```

R3 的配置命令如下：

```
<R3>
<R3>sys
System View:return to User View with Ctrl+Z.
[R3]ospf
```

```
[R3-ospf-1]area 1
[R3-ospf-1-area-0.0.0.1]network 2.2.2.0 0.0.0.255
[R3-ospf-1-area-0.0.0.1]network 3.3.3.0 0.0.0.255
```

R4 的配置命令如下：

```
<R4>sys
System View:return to User View with Ctrl+Z.
[R4]ospf
[R4-ospf-1]area 1
[R4-ospf-1-area-0.0.0.1]network 4.4.4.0 0.0.0.255
[R4-ospf-1-area-0.0.0.1]network 5.5.5.0 0.0.0.255
```

R5 的配置命令如下：

```
[R5]ospf
[R5-ospf-1]area 1
[R5-ospf-1-area-0.0.0.1]network 5.5.5.0 0.0.0.255
[R5-ospf-1-area-0.0.0.1]network 3.3.3.0 0.0.0.255
[R5-ospf-1-area-0.0.0.1]network 192.168.20.0 0.0.0.255
```

五、实验结果分析及实验报告要求

1. 实验结果分析

（1）通过上述步骤验证 OSPF。

（2）配置完成后，PC_A 可以 ping 通 PC_B。

2. 实验报告要求

要求学生提交实验报告，并按要求填写实验报告中的所有信息。

3. 实验报告评分标准

评分分为优/良/中/及格/不及格。

实验十六　ACL 综合配置

一、实验学时与目的

（1）实验学时：2。

（2）了解计算机网络设备——路由器的 ACL（Access Control List，访问控制列表）基本工作原理和基本配置方法，练习 ACL 配置，验证 ACL 配置。

（3）了解模拟配置软件。

（4）领会二十大精神，培养学生的网络思维能力。

二、实验设备和仪器

每个人一台计算机，局域网，新华三实验平台 H3C Cloud Lab。

三、实验内容及要求

1. 实验内容

（1）使用 H3C Cloud Lab 绘制实验网络拓扑图。

（2）ACL 配置。

（3）验证 ACL 配置。

2. 实验要求

（1）使用 H3C Cloud Lab，仔细阅读实验文档，确定实验环境中需要绘制的网络拓扑图。

（2）学生合作完成上述 ACL 综合配置实验。ACL 综合配置组网图如图 16.1 所示。

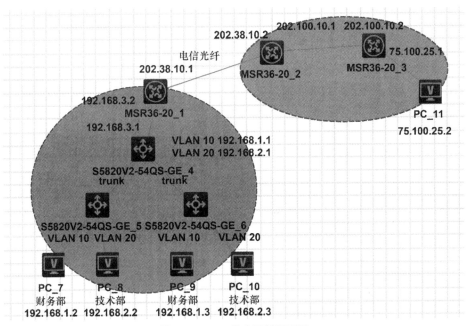

图 16.1　ACL 综合配置组网图

四、实验原理及步骤

1. 实验原理

要增强网络安全性，网络设备需要具备控制某些访问或某些数据的能力。

ACL 包过滤是一种被广泛使用的网络安全技术，ACL 用来实现数据识别，并决定是转发还是丢弃这些数据包。

由 ACL 定义的报文匹配规则，还可以被其他需要对数据进行区分的场合引用。

基于 ACL 的包过滤技术包括以下几方面。

- 对进出的数据包逐个过滤、丢弃或允许通过。

- ACL 应用于接口上，每个接口的出入双向分别过滤。

- 仅当数据包经过一个接口时，才能被此接口的此方向的 ACL 过滤。

ACL 包过滤配置任务如下。

- 设置包过滤功能的默认过滤规则。

- 根据需要选择合适的 ACL 分类。

设置匹配条件如下。

- 设置合适的动作（Permit/Deny）。

- 在路由器的接口上应用 ACL，并指明过滤报文的方向（入站/出站）。

设置包过滤规则如下。

- 包过滤功能默认开启。

- 设置包过滤的默认过滤方式。

- 系统默认的过滤方式是 permit，即允许未匹配上 ACL 规则的报文通过。

- 可以配置包过滤的默认动作为 deny。

2. 步骤

（1）配置各接口的 IP 地址（略）。

（2）配置外网。

R1 的配置命令如下：

```
[H3C-GigabitEthernet0/1]ip address 75.100.25.1 24
[H3C-GigabitEthernet0/0]ip address 202.100.10.2 24
<H3C>system-view
[H3C]ospf
[H3C-ospf-1]
[H3C-ospf-1]area 1
[H3C-ospf-1-area-0.0.0.1]
[H3C-ospf-1-area-0.0.0.1]network 75.100.25.0 0.0.0.255
[H3C-ospf-1-area-0.0.0.1]network 202.100.10.0 0.0.0.255
[H3C-ospf-1-area-0.0.0.1]display ip routing-table
```

R2 的配置命令如下：

```
[H3C-GigabitEthernet0/1]ip address 202.100.10.1 24
[H3C-GigabitEthernet0/0]ip address 202.38.10.2 24
<H3C>system-view
[H3C]ospf
[H3C-ospf-1]
[H3C-ospf-1]area 1
[H3C-ospf-1-area-0.0.0.1]
[H3C-ospf-1-area-0.0.0.1]network 202.100.10.0 0.0.0.255
[H3C-ospf-1-area-0.0.0.1]network 202.38.10.0 0.0.0.255
[H3C-ospf-1-area-0.0.0.1]display ip routing-table
```

（3）接入交换机配置命令如下：

```
[H3C]VLAN 10
[H3C-VLAN10]port g1/0/1
[H3C-VLAN10]VLAN 20
[H3C-VLAN20]port g1/0/2
[H3C-VLAN20]int bridge-aggregation 1
[H3C-Bridge-Aggregation1]int g1/0/3
[H3C-GigabitEthernet1/0/3]port link-aggregation group 1
[H3C-GigabitEthernet1/0/3]int g1/0/4
[H3C-GigabitEthernet1/0/4]port link-aggregation group 1
[H3C-GigabitEthernet1/0/4] int bridge-aggregation 1
[H3C-Bridge-Aggregation1]port link-type trunk
[H3C-Bridge-Aggregation1] Port trunk permit VLAN 10 20
```

（4）核心交换机配置命令如下：

```
[H3C]VLAN 10
[H3C-VLAN10]int VLAN 10
[H3C-VLAN-interface10]ip address 192.168.1.1 24
[H3C-VLAN-interface10]VLAN 20
[H3C-VLAN20]int VLAN 20
[H3C-VLAN-interface20]ip address 192.168.2.1 24
[H3C-VLAN-interface20]int bridge-aggregation 1
[H3C-Bridge-Aggregation1]int g1/0/1
[H3C-GigabitEthernet1/0/1]port link-aggregation group 1
[H3C-GigabitEthernet1/0/1]int g1/0/4
[H3C-GigabitEthernet1/0/4] Port link-aggregation group 1
[H3C-Bridge-Aggregation2]int g1/0/2
[H3C-GigabitEthernet1/0/2]port link-aggregation group 2
[H3C-GigabitEthernet1/0/2]int g1/0/5
[H3C-GigabitEthernet1/0/5]port link-aggregation group 2
[H3C-GigabitEthernet1/0/5] Int bridge-aggregation 1
[H3C-Bridge-Aggregation1]port link-type trunk
[H3C-Bridge-Aggregation1]port trunk permit VLAN 10 20
```

```
[H3C-Bridge-Aggregation1]int g1/0/3
[H3C-GigabitEthernet1/0/3]port link-mode route
[H3C-GigabitEthernet1/0/3] Ip address 192.168.3.1 24
[H3C-GigabitEthernet1/0/3] Ip route-static 0.0.0.0  0.0.0.0 192.168.3.2
```

（5）出口路由器配置命令如下：

```
[H3C]int g0/0
[H3C-GigabitEthernet0/0]ip address 192.168.3.2 24
[H3C-GigabitEthernet0/0]int g0/1
[H3C-GigabitEthernet0/1]ip address 202.38.10.1 24
[H3C-GigabitEthernet0/1]
[H3C-GigabitEthernet0/1]acl basic 2000
[H3C-acl-ipv4-basic-2000]rule permit source any
[H3C-acl-ipv4-basic-2000]int g0/1
[H3C-GigabitEthernet0/1]nat outbound 2000
[H3C]ip route-static 192.168.1.0 24 192.168.3
 [H3C] Ip route-static 192.168.1.0 24 192.168.3.1
[H3C] Ip route-static 0.0.0.0 0.0.0.0 202.38.10.2
```

五、实验结果分析及实验报告要求

1. 实验结果分析

（1）通过上述步骤验证 ACL。

（2）配置完成后，使用 ping 命令测试连通性。

2. 实验报告要求

要求学生提交实验报告，并按要求填写实验报告中的所有信息。

3. 实验报告评分标准

评分分为优/良/中/及格/不及格。

实验十七　OSPF 综合配置

一、实验学时与目的

（1）实验学时：2。

（2）掌握单区域的 OSPF 协议配置，多区域的 OSPF 协议配置，掌握 OSPF 协议 Router ID 的选取原理。

（3）了解模拟配置软件。

（4）领会二十大精神，培养学生综合解决问题的能力。

二、实验设备和仪器

每个人一台计算机，局域网，6 类屏蔽双绞线若干，新华三实验平台 H3C Cloud Lab。

本实验所需要的主要设备和器材如表 17.1 所示。

表 17.1　实验设备和器材

名称和型号	版本	数量
MSR36-20	CMW 7.1.049-软 06	3

三、实验内容及要求

1. 实验内容

（1）使用 H3C Cloud Lab 绘制实验网络拓扑图。

（2）单区域的 OSPF 协议配置。

（3）多区域的 OSPF 协议配置。

2. 实验要求

本实验任务主要通过多区域的 OSPF 协议配置，在 RTA 与 RTB、RTB 与 RTC 之间建立

OSPF 邻居，并且相互接收 LoopBack 接口对应的路由信息。通过本实验内容，学生应该掌握

单区域的 OSPF 协议配置和应用场合。OSPF 基本配置实验组网图如图 17.1 所示。

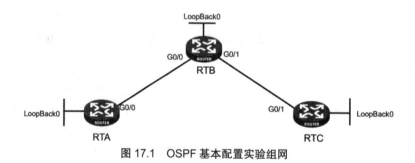

图 17.1　OSPF 基本配置实验组网

从图 17.1 可以看出，RTA、RTB 和 RTC 三台路由器依次相连。

四、实验原理及步骤

1. 实验原理

OSPF（Open Shortest Path First，开放最短路径优先）是 IETF 开发的基于链路状态的自

治系统内部路由协议，本实验主要实现单区域和多区域的 OSPF 协议配置。

2. 步骤

任务一：单区域的 OSPF 协议配置

（1）步骤一：建立物理连接。

按照图 17.1 进行连接，并检查设备的软件版本及配置信息，确保各设备软件版本符合要

求，所有配置为初始状态。如果配置不符合要求，请在用户模式下擦除设备中的配置文件，然后重启设备以使系统采用默认的配置参数进行初始化。

以上步骤可能会用到以下命令：

```
<RTA> display version
<RTA> reset saved-configuration
<RTA> reboot
```

（2）步骤二：配置IP地址，如表17.2所示。

表 17.2　IP 地址列表

设备名称	接口	IP 地址
RTA	G0/0	10.0.0.1/24
	LoopBack0	1.1.1.1/32
RTB	G0/0	10.0.0.2/24
	G0/1	20.0.0.1/24
	LoopBack0	2.2.2.2/32
RTC	G0/1	20.0.0.2/32
	LoopBack0	3.3.3.3/32

（3）步骤三：OSPF 单区域配置。

在 RTA 上启用 OSPF 协议，并在 G0/0 和 LoopBack0 接口上使能 OSPF，将它们加入 OSPF 的 Area0。在 RTB 上启用 OSPF 协议，并在 G0/0、G0/1 和 LoopBack0 接口上使能 OSPF，将它们加入 OSPF 的 Area0。在 RTC 上启用 OSPF 协议，并在 G0/0 和 LoopBack0 接口上使能 OSPF，将它们加入 OSPF 的 Area0。

配置 RTA 的命令如下：

```
[RTA]ospf 1
[RTA-ospf-1]area 0
[RTA-ospf-1-area-0.0.0.0]network 1.1.1.1 0.0.0.0
[RTA-ospf-1-area-0.0.0.0]network 10.0.0.0 0.0.0.255
```

配置 RTB 的命令如下：

```
[RTB]ospf 1
[RTB-ospf-1]area 0
```

```
[RTB-ospf-1-area-0.0.0.0]network 2.2.2.2 0.0.0.0
[RTB-ospf-1-area-0.0.0.0]network 10.0.0.0 0.0.0.255
[RTB-ospf-1-area-0.0.0.0]network 20.0.0.0 0.0.0.255
```

配置 RTC 的命令如下：

```
[RTC]ospf 1
[RTC-ospf-1]area 0
[RTC-ospf-1-area-0.0.0.0]network 3.3.3.3 0.0.0.0
[RTC-ospf-1-area-0.0.0.0]network 20.0.0.0 0.0.0.255
```

（4）步骤四：查看 OSPF 邻居表和路由表。

配置结束后，在 RTB 上查看 OSPF 邻居表，命令如下：

```
[RTB]display ospf peer
OSPF Process 1 with Router ID 2.2.2.2
Neighbor Brief Information
Area:0.0.0.0
Router ID Address Pri Dead-Time State Interface
1.1.1.1 10.0.0.1 1 30 Full/BDR GE0/0
3.3.3.3 20.0.0.2 1 31 Full/BDR GE0/1
```

此时发现 RTB 已经分别与 RTA、RTC 建立了邻居。

在 RTA 上查看路由表，命令如下：

```
[RTA]display ip routing-table
Destinations:16 Routes:16
Destination/Mask Proto Pre Cost NextHop Interface
0.0.0.0/32 Direct 0 0 127.0.0.1 InLoop0
1.1.1.1/32 Direct 0 0 127.0.0.1 InLoop0
2.2.2.2/32 O_INTRA 10 1 10.0.0.2 GE0/0
3.3.3.3/32 O_INTRA 10 2 10.0.0.2 GE0/0
10.0.0.0/24 Direct 0 0 10.0.0.1 GE0/0
10.0.0.0/32 Direct 0 0 10.0.0.1 GE0/0
10.0.0.1/32 Direct 0 0 127.0.0.1 InLoop0
10.0.0.255/32 Direct 0 0 10.0.0.1 GE0/0
20.0.0.0/24 O_INTRA 10 2 10.0.0.2 GE0/0
127.0.0.0/8 Direct 0 0 127.0.0.1 InLoop0
127.0.0.0/32 Direct 0 0 127.0.0.1 InLoop0
127.0.0.1/32 Direct 0 0 127.0.0.1 InLoop0
127.255.255.255/32 Direct 0 0 127.0.0.1 InLoop0
224.0.0.0/4 Direct 0 0 0.0.0.0 NULL0
224.0.0.0/24 Direct 0 0 0.0.0.0 NULL0
255.255.255.255/32 Direct 0 0 127.0.0.1 InLoop0
```

从以上输出可以观察到，RTA 已经接收到 RTC 的 LoopBack 接口地址对应的路由为

3.3.3.3/32。在 RTC 上查看路由表，命令如下：

```
[RTC]display ip routing-table
Destinations:16 Routes:16
Destination/Mask Proto Pre Cost NextHop Interface
0.0.0.0/32 Direct 0 0 127.0.0.1 InLoop0
1.1.1.1/32 O_INTRA 10 2 20.0.0.1 GE0/0
2.2.2.2/32 O_INTRA 10 1 20.0.0.1 GE0/0
3.3.3.3/32 Direct 0 0 127.0.0.1 InLoop0
10.0.0.0/24 O_INTRA 10 2 20.0.0.1 GE0/0
20.0.0.0/24 Direct 0 0 20.0.0.2 GE0/0
20.0.0.0/32 Direct 0 0 20.0.0.2 GE0/0
20.0.0.2/32 Direct 0 0 127.0.0.1 InLoop0
20.0.0.255/32 Direct 0 0 20.0.0.2 GE0/0
127.0.0.0/8 Direct 0 0 127.0.0.1 InLoop0
127.0.0.0/32 Direct 0 0 127.0.0.1 InLoop0
127.0.0.1/32 Direct 0 0 127.0.0.1 InLoop0
127.255.255.255/32 Direct 0 0 127.0.0.1 InLoop0
224.0.0.0/4 Direct 0 0 0.0.0.0 NULL0
224.0.0.0/24 Direct 0 0 0.0.0.0 NULL0
255.255.255.255/32 Direct 0 0 127.0.0.1 InLoop0
```

从以上输出可以观察到，RTC 已经接收到 RTA 的 LoopBack 接口地址对应的路由为

1.1.1.1/32。

实验任务二：多区域的 OSPF 协议配置

本实验任务的主要内容是通过多区域的 OSPF 协议配置，实现 RTA 与 RTB 在 Area0 建

立邻居、RTB 与 RTC 在 Area1 建立 OSPF 邻居，并且互相接收 LoopBack 接口对应的路由信

息。通过本实验内容，学生应该掌握多区域的 OSPF 协议配置和应用场合。

（1）步骤一：建立物理连接。

按照图 17.1 进行连接，并检查设备的软件版本及配置信息，确保各设备软件版本符合要

求，所有配置为初始状态。如果配置不符合要求，请在用户模式下擦除设备中的配置文件，

然后重启设备以使系统采用默认的配置参数进行初始化。

以上步骤可能会用到以下命令：

```
<RTA> display version
<RTA> reset saved-configuration
<RTA> reboot
```

（2）步骤二：IP 地址的配置与表 17.1 一样。

（3）步骤三：OSPF 多区域配置。

在 RTA 上启用 OSPF 协议，并在 G0/0 和 LoopBack0 接口上使能 OSPF，将它们加入 OSPF 的 Area0。在 RTB 上启用 OSPF 协议，并在 G0/0、G0/1 和 LoopBack0 接口上使能 OSPF，将 G0/0 加入 OSPF 的 Area0，将 G0/1、LoopBack0 加入 OSPF 的 Area1。在 RTC 上启用 OSPF 协议，并在 G0/0 和 LoopBack0 接口上使能 OSPF，将它们加入 OSPF 的 Area1。

配置 RTA 的命令如下：

```
[RTA]ospf 1
[RTA-ospf-1]area 0
[RTA-ospf-1-area-0.0.0.0]network 1.1.1.1 0.0.0.0
[RTA-ospf-1-area-0.0.0.0]network 10.0.0.0 0.0.0.255
```

配置 RTB 的命令如下：

```
[RTB]ospf 1
[RTB-ospf-1]area 0
[RTB-ospf-1-area-0.0.0.0]network 10.0.0.0 0.0.0.255
[RTB-ospf-1-area-0.0.0.0]area 1
[RTB-ospf-1-area-0.0.0.1]network 2.2.2.2 0.0.0.0
[RTB-ospf-1-area-0.0.0.1]network 20.0.0.0 0.0.0.255
```

配置 RTC 的命令如下：

```
[RTC]ospf 1
[RTC-ospf-1]area 1
[RTC-ospf-1-area-0.0.0.1]network 3.3.3.3 0.0.0.0
[RTC-ospf-1-area-0.0.0.1]network 20.0.0.0 0.0.0.255
```

（4）步骤四：查看 OSPF 邻居表和路由表。

配置结束后，在 RTB 上查看 OSPF 邻居表，命令如下：

```
[RTB]display ospf peer
OSPF Process 1 with Router ID 2.2.2.2
Neighbor Brief Information
Area:0.0.0.0
Router ID Address Pri Dead-Time State Interface
1.1.1.1 10.0.0.1 1 37 Full/DR GE0/0
Area:0.0.0.1
Router ID Address Pri Dead-Time State Interface
3.3.3.3 20.0.0.2 1 39 Full/BDR GE0/1
```

从以上输出可以发现，在 Area0 内，RTA 和 RTB 已经建立邻居；在 Area1 内，RTB 和

RTC 已经建立邻居。

在 RTA 上查看路由表，命令如下：

```
[RTA]display ip routing-table
Destinations:16 Routes:16
Destination/Mask Proto Pre Cost NextHop Interface
0.0.0.0/32 Direct 0 0 127.0.0.1 InLoop0
1.1.1.1/32 Direct 0 0 127.0.0.1 InLoop0
2.2.2.2/32 O_INTER 10 1 10.0.0.2 GE0/0
3.3.3.3/32 O_INTER 10 2 10.0.0.2 GE0/0
10.0.0.0/24 Direct 0 0 10.0.0.1 GE0/0
10.0.0.0/32 Direct 0 0 10.0.0.1 GE0/0
10.0.0.1/32 Direct 0 0 127.0.0.1 InLoop0
10.0.0.255/32 Direct 0 0 10.0.0.1 GE0/0
20.0.0.0/24 O_INTER 10 2 10.0.0.2 GE0/0
127.0.0.0/8 Direct 0 0 127.0.0.1 InLoop0
127.0.0.0/32 Direct 0 0 127.0.0.1 InLoop0
127.0.0.1/32 Direct 0 0 127.0.0.1 InLoop0
127.255.255.255/32 Direct 0 0 127.0.0.1 InLoop0
224.0.0.0/4 Direct 0 0 0.0.0.0 NULL0
224.0.0.0/24 Direct 0 0 0.0.0.0 NULL0
255.255.255.255/32 Direct 0 0 127.0.0.1 InLoop0
```

从以上输出可以看到，RTA 已经接收到 RTC 的 LoopBack 接口地址对应的路由为

3.3.3.3/32。

在 RTC 上查看路由表，命令如下：

```
[RTC]display ip routing-table
Destinations:16 Routes:16
Destination/Mask Proto Pre Cost NextHop Interface
0.0.0.0/32 Direct 0 0 127.0.0.1 InLoop0
1.1.1.1/32 O_INTER 10 2 20.0.0.1 GE0/0
2.2.2.2/32 O_INTRA 10 1 20.0.0.1 GE0/0
3.3.3.3/32 Direct 0 0 127.0.0.1 InLoop0
10.0.0.0/24 O_INTER 10 2 20.0.0.1 GE0/0
20.0.0.0/24 Direct 0 0 20.0.0.2 GE0/0
20.0.0.0/32 Direct 0 0 20.0.0.2 GE0/0
20.0.0.2/32 Direct 0 0 127.0.0.1 InLoop0
20.0.0.255/32 Direct 0 0 20.0.0.2 GE0/0
127.0.0.0/8 Direct 0 0 127.0.0.1 InLoop0
127.0.0.0/32 Direct 0 0 127.0.0.1 InLoop0
127.0.0.1/32 Direct 0 0 127.0.0.1 InLoop0
```

```
127.255.255.255/32 Direct 0 0 127.0.0.1 InLoop0
224.0.0.0/4 Direct 0 0 0.0.0.0 NULL0
224.0.0.0/24 Direct 0 0 0.0.0.0 NULL0
255.255.255.255/32 Direct 0 0 127.0.0.1 InLoop0
```

从以上输出可以看到，RTC 已经接收到 RTA 的 LoopBack0 接口地址对应的路由为

1.1.1.1/32。

实验任务三：Router ID 的选取

本实验任务的主要内容是通过观察 Router ID 的变化,让学生掌握 Router ID 的选择方法。

（1）步骤一：观察 LoopBack0 接口作为 Router ID。

使用上面的配置，观察 RTB 的 Router ID，命令如下：

```
[RTB]display ospf peer
OSPF Process 1 with Router ID 2.2.2.2
Neighbor Brief Information
Area:0.0.0.0
Router ID Address Pri Dead-Time State Interface
1.1.1.1 10.0.0.1 1 33 Full/DR GE0/0
Area:0.0.0.1
Router ID Address Pri Dead-Time State Interface
3.3.3.3 20.0.0.2 1 36 Full/BDR GE0/1
```

此时删除 RTB 的 LoopBack0，命令如下：

```
[RTB]undo interface LoopBack 0
```

再次观察 RTB 的 Router ID，命令如下：

```
[RTB]display ospf peer
OSPF Process 1 with Router ID 2.2.2.2
Neighbor Brief Information
Area:0.0.0.0
Router ID Address Pri Dead-Time State Interface
1.1.1.1 10.0.0.1 1 33 Full/DR GE0/0
Area: 0.0.0.1

Router ID Address Pri Dead-Time State Interface
3.3.3.3 20.0.0.2 1 36 Full/BDR GE0/1
```

从以上输出可以发现，RTB 的 Router ID 没有发生变化。

（2）步骤二：重启 OSPF 进程。

通过命令重启 OSPF 进程，如下：

```
<RTB>reset ospf process
```

（3）步骤三：观察 Router ID 的变化。

重启 OSPF 进程后，再次观察 RTB 的 Router ID，命令如下：

```
<RTB>display ospf peer
OSPF Process 1 with Router ID 20.0.0.1
Neighbor Brief Information
Area:0.0.0.0
Router ID Address Pri Dead-Time State Interface
1.1.1.1 10.0.0.1 1 38 Full/DR GE0/0
Area:0.0.0.1
Router ID Address Pri Dead-Time State Interface
3.3.3.3 20.0.0.2 1 38 Full/DR GE0/1
<RTB>
```

通过观察发现，在重启了 OSPF 进程之后，RTB 的 Router ID 才发生变化，此时是选择物理接口中最大的 IP 地址作为 Router ID。

五、实验结果分析及实验报告要求

1. 实验结果分析

（1）通过上述步骤验证 OSPF 单区域和多区域的配置。

（2）配置完成后，使用 ping 命令测试连通性。

2. 实验报告要求

要求学生提交实验报告，并按要求填写实验报告中的所有信息。

3. 实验报告评分标准

评分分为优/良/中/及格/不及格。

实验十八　OSPF 路由聚合配置

一、实验学时与目的

（1）实验学时：2。

（2）掌握 OSPF 协议 ABR 上路由聚合的配置方法，掌握 OSPF 协议 ASBR 上路由聚合的配置方法。

（3）掌握新华三实验平台 H3C Cloud Lab 的使用。

（4）领会二十大精神，培养学生的科技创新能力。

二、实验设备和仪器

每个人一台计算机，局域网，6 类屏蔽双绞线若干，新华三实验平台 H3C Cloud Lab。

本实验所需之主要设备和器材如表 18.1 所示。

表 18.1　实验设备和器材

名称和型号	版本	数量
MSR36-20	CMW 7.1.049-软 06	3

三、实验内容及要求

1. 实验内容

（1）使用 H3C Cloud Lab 绘制实验网络拓扑图。

（2）在 ABR 上配置路由聚合。

2. 实验要求

在本实验任务中，学生需要在 ABR 上配置路由聚合，并且观察 not-advertise 参数是否配置成功。通过本次实验任务，学生应该掌握 ABR 上路由聚合配置的方法和应用场合。OSPF 路由聚合实验组网图如图 18.1 所示。

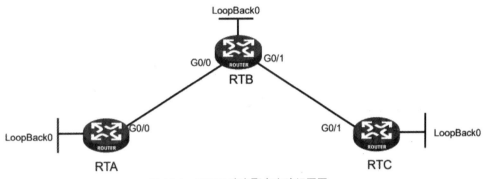

图 18.1　OSPF 路由聚合实验组网图

从图 18.1 可以看出，RTA、RTB 和 RTC 三台路由器依次连接。

四、实验原理及步骤

1. 实验原理

OSPF（Open Shortest Path First，开放最短路径优先）是 IETF 开发的基于链路状态的自治系统内部路由协议，本实验实现 OSPF 单区域和多区域的配置。

2. 步骤

实验任务一：ABR 上的路由聚合

（1）步骤一：建立物理连接。

按照图 18.1 进行连接，并检查设备的软件版本及配置信息，确保各设备软件版本符合要求，所有配置为初始状态。如果配置不符合要求，请在用户模式下擦除设备中的配置文件，然后重启设备以使系统采用默认的配置参数进行初始化。

以上步骤可能会用到以下命令：

```
<RTA> display version
<RTA> reset saved-configuration
<RTA> reboot
```

（2）步骤二：配置 IP 地址，如表 18.2 所示。

表 18.2 IP 地址列表

设备名称	接口	IP 地址
RTA	G0/0	10.0.0.1/24
	LoopBack0	1.1.1.1/32
RTB	G0/0	10.0.0.2/24
	G0/1	20.0.0.1/24
	LoopBack0	2.2.2.2/32
RTC	G0/1	20.0.0.2/32
	LoopBack0	3.3.3.3/32

（3）步骤三：配置 OSPF 协议。

在 RTA 上启用 OSPF 协议，并在 G0/0、LoopBack1、LoopBack2、LoopBack3、LoopBack4 和 LoopBack0 接口上使能 OSPF，将它们加入 OSPF 的 Area1。在 RTB 上启用 OSPF 协议，并在 G0/0、G0/1 和 LoopBack0 接口上使能 OSPF，将 G0/0 加入 OSPF 的 Area1，将 G0/1、LoopBack0 加入 OSPF 的 Area0。在 RTC 上启用 OSPF 协议，并在 G0/0 和 LoopBack0 接口上使能 OSPF，将它们加入 OSPF 的 Area0。

配置 RTA 的命令如下：

```
[RTA]ospf 1
[RTA-ospf-1]area 1
[RTA-ospf-1-area-0.0.0.1]network 1.1.1.1 0.0.0.0
[RTA-ospf-1-area-0.0.0.1]network 10.0.0.0 0.0.0.255
[RTA-ospf-1-area-0.0.0.1]network 192.168.0.0 0.0.0.255
```

```
[RTA-ospf-1-area-0.0.0.1]network 192.168.1.0 0.0.0.255
[RTA-ospf-1-area-0.0.0.1]network 192.168.2.0 0.0.0.255
[RTA-ospf-1-area-0.0.0.1]network 192.168.3.0 0.0.0.255
```

配置 RTB 的命令如下：

```
[RTB]ospf 1
[RTB-ospf-1]area 1
[RTB-ospf-1-area-0.0.0.1]network 10.0.0.0 0.0.0.255
[RTB-ospf-1-area-0.0.0.1]area 0
[RTB-ospf-1-area-0.0.0.0]network 2.2.2.2 0.0.0.0
[RTB-ospf-1-area-0.0.0.0]network 20.0.0.0 0.0.0.255
```

配置 RTC 的命令如下：

```
[RTC]ospf 1
[RTC-ospf-1]area 0
[RTC-ospf-1-area-0.0.0.0]network 3.3.3.3 0.0.0.0
[RTC-ospf-1-area-0.0.0.0]network 20.0.0.0 0.0.0.255
```

在 RT 上观察路由表，命令如下：

```
[RTC]display ip routing-table
Destinations:20 Routes:20
Destination/Mask Proto Pre Cost NextHop Interface
0.0.0.0/32 Direct 0 0 127.0.0.1 InLoop0
1.1.1.1/32 O_INTER 10 2 20.0.0.1 GE0/0
2.2.2.2/32 O_INTRA 10 1 20.0.0.1 GE0/0
3.3.3.3/32 Direct 0 0 127.0.0.1 InLoop0
10.0.0.0/24 O_INTER 10 2 20.0.0.1 GE0/0
20.0.0.0/24 Direct 0 0 20.0.0.2 GE0/0
20.0.0.0/32 Direct 0 0 20.0.0.2 GE0/0
20.0.0.2/32 Direct 0 0 127.0.0.1 InLoop0
20.0.0.255/32 Direct 0 0 20.0.0.2 GE0/0
127.0.0.0/8 Direct 0 0 127.0.0.1 InLoop0
127.0.0.0/32 Direct 0 0 127.0.0.1 InLoop0
127.0.0.1/32 Direct 0 0 127.0.0.1 InLoop0
127.255.255.255/32 Direct 0 0 127.0.0.1 InLoop0
192.168.0.1/32 O_INTER 10 2 20.0.0.1 GE0/0
192.168.1.1/32 O_INTER 10 2 20.0.0.1 GE0/0
192.168.2.1/32 O_INTER 10 2 20.0.0.1 GE0/0
192.168.3.1/32 O_INTER 10 2 20.0.0.1 GE0/0
224.0.0.0/4 Direct 0 0 0.0.0.0 NULL0
224.0.0.0/24 Direct 0 0 0.0.0.0 NULL0
255.255.255.255/32 Direct 0 0 127.0.0.1 InLoop0
<RTC>
```

从以上输出可以观察到，RTC 接收到 192.168.0.0/24 等四条路由。

（4）步骤四：在 ABR 上配置路由聚合。

在 RTB 上配置路由聚合，将四条明细路由聚合成为一条路由。

配置 RTB 的命令如下：

```
[RTB]ospf 1
[RTB-ospf-1]area 1
[RTB-ospf-1-area-0.0.0.1]abr-summary 192.168.0.0 255.255.252.0
```

在 RTC 上观察路由表，命令如下：

```
[RTC]display ip routing-table
Destinations:17 Routes:17
Destination/Mask Proto Pre Cost NextHop Interface
0.0.0.0/32 Direct 0 0 127.0.0.1 InLoop0
1.1.1.1/32 O_INTER 10 2 20.0.0.1 GE0/0
2.2.2.2/32 O_INTRA 10 1 20.0.0.1 GE0/0
3.3.3.3/32 Direct 0 0 127.0.0.1 InLoop0
10.0.0.0/24 O_INTER 10 2 20.0.0.1 GE0/0
20.0.0.0/24 Direct 0 0 20.0.0.2 GE0/0
20.0.0.0/32 Direct 0 0 20.0.0.2 GE0/0
20.0.0.2/32 Direct 0 0 127.0.0.1 InLoop0
20.0.0.255/32 Direct 0 0 20.0.0.2 GE0/0
127.0.0.0/8 Direct 0 0 127.0.0.1 InLoop0
127.0.0.0/32 Direct 0 0 127.0.0.1 InLoop0
127.0.0.1/32 Direct 0 0 127.0.0.1 InLoop0
127.255.255.255/32 Direct 0 0 127.0.0.1 InLoop0
192.168.0.0/22 O_INTER 10 2 20.0.0.1 GE0/0
224.0.0.0/4 Direct 0 0 0.0.0.0 NULL0
224.0.0.0/24 Direct 0 0 0.0.0.0 NULL0
255.255.255.255/32 Direct 0 0 127.0.0.1 InLoop0
```

从以上输出中可以观察到，RTC 只接收到一条聚合后的路由。

（5）步骤五：在 ABR 上配置路由聚合，加上 not-advertise 参数。

在 RTB 上配置路由聚合，将四条明细路由聚合成为一条路由，并且不发布聚合后的路由。

配置 RTB 的命令如下：

```
[RTB]ospf 1
[RTB-ospf-1]area 1
[RTB-ospf-1-area-0.0.0.1]abr-summary 192.168.0.0 255.255.252.0 not-advertise
```

在 RTC 上观察路由表，命令如下：

```
[RTC]display ip routing-table
Destinations:16 Routes:16
Destination/Mask Proto Pre Cost NextHop Interface
0.0.0.0/32 Direct 0 0 127.0.0.1 InLoop0
1.1.1.1/32 O_INTER 10 2 20.0.0.1 GE0/0
2.2.2.2/32 O_INTRA 10 1 20.0.0.1 GE0/0
3.3.3.3/32 Direct 0 0 127.0.0.1 InLoop0
10.0.0.0/24 O_INTER 10 2 20.0.0.1 GE0/0
20.0.0.0/24 Direct 0 0 20.0.0.2 GE0/0
20.0.0.0/32 Direct 0 0 20.0.0.2 GE0/0
20.0.0.2/32 Direct 0 0 127.0.0.1 InLoop0
20.0.0.255/32 Direct 0 0 20.0.0.2 GE0/0
127.0.0.0/8 Direct 0 0 127.0.0.1 InLoop0
127.0.0.0/32 Direct 0 0 127.0.0.1 InLoop0
127.0.0.1/32 Direct 0 0 127.0.0.1 InLoop0
127.255.255.255/32 Direct 0 0 127.0.0.1 InLoop0
224.0.0.0/4 Direct 0 0 0.0.0.0 NULL0
224.0.0.0/24 Direct 0 0 0.0.0.0 NULL0
255.255.255.255/32 Direct 0 0 127.0.0.1 InLoop0
```

从以上输出可以观察到，RTC 上没有接收到任何明细路由或者聚合路由。

实验任务二：ASBR 上的路由聚合

在本实验任务中，学生需要在 ASBR 上配置路由聚合，并且观察 not-advertise 参数是否配置成功。通过本次实验任务，学生应该掌握 ASBR 上路由聚合配置的方法和应用场合。

（1）步骤一：建立物理连接。

按照图 18.1 进行连接，并检查设备的软件版本及配置信息，确保各设备软件版本符合要求，所有配置为初始状态。如果配置不符合要求，请在用户模式下擦除设备中的配置文件，然后重启设备以使系统采用默认的配置参数进行初始化。

以上步骤可能会用到以下命令：

```
<RTA> display version
<RTA> reset saved-configuration
<RTA> reboot
```

（2）步骤二：配置 IP 地址，为表 18.1 的配置方案。

（3）步骤三：配置 OSPF 协议。

在 RTA 上启用 OSPF 协议,并在 G0/0 和 LoopBack0 接口上使能 OSPF,将它们加入 OSPF 的 Area1。另外,还需要在 RTA 上将 192.168.0.0/24、192.168.1.0/24、192.168.3.0/24 和 192.168.4.0/24 作为直连路由引入 OSPF 中。在 RTB 上启用 OSPF 协议,并在 G0/0、G0/1 和 LoopBack0 接口上使能 OSPF,将 G0/0 加入 OSPF 的 Area1,将 G0/1、LoopBack0 加入 OSPF 的 Area0。在 RTC 上启用 OSPF 协议,并在 G0/0 和 LoopBack0 接口上使能 OSPF,将它们加入 OSPF 的 Area0。

配置 RTA 的命令如下:

```
[RTA]ospf 1
[RTA-ospf-1]area 1
[RTA-ospf-1-area-0.0.0.1]network 1.1.1.1 0.0.0.0
[RTA-ospf-1-area-0.0.0.1]network 10.0.0.0 0.0.0.255
[RTA-ospf-1]import-route direct
```

配置 RTB 的命令如下:

```
[RTB]ospf 1
[RTB-ospf-1]area 1
[RTB-ospf-1-area-0.0.0.1]network 10.0.0.0 0.0.0.255
[RTB-ospf-1-area-0.0.0.1]area 0
[RTB-ospf-1-area-0.0.0.0]network 2.2.2.2 0.0.0.0
[RTB-ospf-1-area-0.0.0.0]network 20.0.0.0 0.0.0.255
```

配置 RTC 的命令如下:

```
[RTC]ospf 1
[RTC-ospf-1]area 0
[RTC-ospf-1-area-0.0.0.0]network 3.3.3.3 0.0.0.0
[RTC-ospf-1-area-0.0.0.0]network 20.0.0.0 0.0.0.255
```

在 RTC 上观察路由表,命令如下:

```
[RTC]display ip routing-table
 Destinations:20 Routes:20
 Destination/Mask Proto Pre Cost NextHop Interface
0.0.0.0/32 Direct 0 0 127.0.0.1 InLoop0
1.1.1.1/32 O_INTER 10 2 20.0.0.1 GE0/0
2.2.2.2/32 O_INTRA 10 1 20.0.0.1 GE0/0
3.3.3.3/32 Direct 0 0 127.0.0.1 InLoop0
10.0.0.0/24 O_INTER 10 2 20.0.0.1 GE0/0
20.0.0.0/24 Direct 0 0 20.0.0.2 GE0/0
```

```
20.0.0.0/32 Direct 0 0 20.0.0.2 GE0/0
20.0.0.2/32 Direct 0 0 127.0.0.1 InLoop0
20.0.0.255/32 Direct 0 0 20.0.0.2 GE0/0
127.0.0.0/8 Direct 0 0 127.0.0.1 InLoop0
127.0.0.0/32 Direct 0 0 127.0.0.1 InLoop0
127.0.0.1/32 Direct 0 0 127.0.0.1 InLoop0
127.255.255.255/32 Direct 0 0 127.0.0.1 InLoop0
192.168.0.0/24 O_ASE2 150 1 20.0.0.1 GE0/0
192.168.1.0/24 O_ASE2 150 1 20.0.0.1 GE0/0
192.168.2.0/24 O_ASE2 150 1 20.0.0.1 GE0/0
192.168.3.0/24 O_ASE2 150 1 20.0.0.1 GE0/0
224.0.0.0/4 Direct 0 0 0.0.0.0 NULL0
224.0.0.0/24 Direct 0 0 0.0.0.0 NULL0
255.255.255.255/32 Direct 0 0 127.0.0.1 InLoop0
```

从以上输出可以观察到，RTC 接收到 192.168.0.0/24 等四条路由。

（4）步骤四：在 ASBR 上配置路由聚合。

在 RTA 上配置路由聚合，将四条明细路由聚合成为一条路由。

配置 RTA 的命令如下：

```
[RTA]ospf 1
[RTA-ospf-1]asbr-summary 192.168.0.0 255.255.252.0
```

在 RTC 上观察路由表，命令如下：

```
[RTC]display ip routing-table
Destinations:17 Routes:17
Destination/Mask Proto Pre Cost NextHop Interface
0.0.0.0/32 Direct 0 0 127.0.0.1 InLoop0
1.1.1.1/32 O_INTER 10 2 20.0.0.1 GE0/0
2.2.2.2/32 O_INTRA 10 1 20.0.0.1 GE0/0
3.3.3.3/32 Direct 0 0 127.0.0.1 InLoop0
10.0.0.0/24 O_INTER 10 2 20.0.0.1 GE0/0
20.0.0.0/24 Direct 0 0 20.0.0.2 GE0/0
20.0.0.0/32 Direct 0 0 20.0.0.2 GE0/0
20.0.0.2/32 Direct 0 0 127.0.0.1 InLoop0
20.0.0.255/32 Direct 0 0 20.0.0.2 GE0/0
127.0.0.0/8 Direct 0 0 127.0.0.1 InLoop0
127.0.0.0/32 Direct 0 0 127.0.0.1 InLoop0
127.0.0.1/32 Direct 0 0 127.0.0.1 InLoop0
127.255.255.255/32 Direct 0 0 127.0.0.1 InLoop0
192.168.0.0/22 O_ASE2 150 1 20.0.0.1 GE0/0
224.0.0.0/4 Direct 0 0 0.0.0.0 NULL0
224.0.0.0/24 Direct 0 0 0.0.0.0 NULL0
255.255.255.255/32 Direct 0 0 127.0.0.1 InLoop0
```

从以上输出可以观察到，RTC 只接收到一条聚合后的路由。

（5）步骤五：在 ASBR 上配置路由聚合，添加 not-advertise 参数。

在 RTA 上配置路由聚合的命令 asbr-summary ip-address {mask | mask-length} not-advertise，将四条明细路由聚合成为一条路由，并且不发布聚合后的路由。

配置 RTA 的命令如下：

```
[RTA]ospf 1
[RTA-ospf-1]asbr-summary 192.168.0.0 255.255.252.0 not-advertise
```

在 RTC 上观察路由表，命令如下：

```
[RTC]display ip routing-table
Destinations:16 Routes:16
Destination/Mask Proto Pre Cost NextHop Interface
0.0.0.0/32 Direct 0 0 127.0.0.1 InLoop0
1.1.1.1/32 O_INTER 10 2 20.0.0.1 GE0/0
2.2.2.2/32 O_INTRA 10 1 20.0.0.1 GE0/0
3.3.3.3/32 Direct 0 0 127.0.0.1 InLoop0
10.0.0.0/24 O_INTER 10 2 20.0.0.1 GE0/0
20.0.0.0/24 Direct 0 0 20.0.0.2 GE0/0
20.0.0.0/32 Direct 0 0 20.0.0.2 GE0/0
20.0.0.2/32 Direct 0 0 127.0.0.1 InLoop0
20.0.0.255/32 Direct 0 0 20.0.0.2 GE0/0
127.0.0.0/8 Direct 0 0 127.0.0.1 InLoop0
127.0.0.0/32 Direct 0 0 127.0.0.1 InLoop0
127.0.0.1/32 Direct 0 0 127.0.0.1 InLoop0
127.255.255.255/32 Direct 0 0 127.0.0.1 InLoop0
224.0.0.0/4 Direct 0 0 0.0.0.0 NULL0
224.0.0.0/24 Direct 0 0 0.0.0.0 NULL0
255.255.255.255/32 Direct 0 0 127.0.0.1 InLoop0
```

从以上输出可以观察到，RTC 上没有接收到任何明细路由或者聚合路由。

五、实验结果分析及实验报告要求

1. 实验结果分析

（1）通过上述步骤验证 OSPF 路由聚合的配置。

（2）配置完成后，使用 ping 命令测试连通性。

2．实验报告要求

要求学生提交实验报告，并按要求填写实验报告中的所有信息。

3．实验报告评分标准

评分分为优/良/中/及格/不及格。

参考文献

[1] 谢希仁.计算机网络[M].北京:电子工业出版社,2021.

[2] H3CNE 实验手册——H3C 初学者实验的指南.杭州.新华三集团,2022.